你有多少个晚上没有好好睡觉了

焦虑
心理学

杨青霞　著

哈尔滨出版社
HARBIN PUBLISHING HOUSE

图书在版编目(CIP)数据

焦虑心理学 / 杨青霞著. -- 哈尔滨 : 哈尔滨出版

社, 2025. 6. -- ISBN 978-7-5484-8306-9

Ⅰ. B842.6-49

中国国家版本馆CIP数据核字第2024PD2132号

书　　名：**焦虑心理学**

JIAOLÜ XINLIXUE

作　　者：杨青霞　著

责任编辑：李维娜

封面设计：于　芳

内文排版：宇菲世纪

出版发行：哈尔滨出版社（Harbin Publishing House）

社　　址：哈尔滨市香坊区泰山路 82-9 号　　邮编：150090

经　　销：全国新华书店

印　　刷：三河市龙大印装有限公司

网　　址：www.hrbcbs.com

E-mail：hrbcbs@yeah.net

编辑版权热线：（0451）87900271　87900272

销售热线：（0451）87900202　87900203

开　　本：710mm × 1000mm　1/16　　印张：13　　字数：150千字

版　　次：2025 年6月第 1 版

印　　次：2025 年6月第 1 次印刷

书　　号：ISBN 978-7-5484-8306-9

定　　价：45.00元

凡购本社图书发现印装错误，请与本社印制部联系调换。

服务热线：（0451）87900279

前言

我们经常会听到身边的朋友或同事这样说：

"本来准备用年假去旅行的，但是看到飞机坠毁事件，便总是害怕所搭乘航班会有安全隐患。于是开始不断地买票退票，索性选择换乘高铁，可是觉得高铁太快也有安全问题，然后开始没日没夜的看交通工具，不吃不睡，最后，取消了旅行。因为，只有不出发，坠机这样的小概率事件才不会落在自己身上。"

"和自己一起跳广场舞的刘姨突发脑出血去世。于是，每天担心自己也存在隐疾，一旦出现胸痛、心悸等症状，就紧张得不行，反复到各大三甲医院做昂贵的检查，但结果显示其心脑血管完全正常。可还是担心医院遗漏了什么，没有查出自己的病，为此整日忧心忡忡，焦虑不安，失眠、食欲不振，甚至因为情绪问题，开始产生脱发的现象，广场舞也不跳了，也不爱和家人沟通了，就像真的生病了一样。"

"不知为什么，虽然每次都认真地做了 ppt 内容，但要开会讨论时总是会手心出汗，像虚脱了一样，会前还会腹泻，这种感觉真的太要命了，导致每次开会之前都不敢吃东西，也睡不着，害怕因为紧张讲不清楚。"

……

诸如以上的心理活动，如果你也曾出现过，那么，你可能已经进入焦虑状态。

在当下快节奏的生活中，焦虑常常困扰着我们，它不仅影响我们的情绪，还会蔓延到我们的身体健康和工作效率上。当焦虑来袭，明明阳光明媚，我们的心却像飓风来袭的大海，不安如巨浪汹涌翻滚，一刻也不得安宁。

当你被焦虑困住时，是否静下心来认真思考，焦虑究竟从何而来？为什么会产生焦虑？

当你冷静下来就会发现，大部分的焦虑情绪都是自己想象出来的。在细碎而不确定的信息中，外加毫无依据的猜想，会把很多事情隐藏的危险性毫无边界地放大。于是，开始莫名其妙地担心小概率的事件会有可能降临到自己头上，比如担心患了绝症，担心死神降临到身上。正是这些令人觉得夸张可笑的过度担心，让我们变得既敏感，又焦虑。

社会环境的变化和不确定的未来，也是引起焦虑的因素。年轻人急着像别人一样，为了有房有车有娃而努力；中年人急着为了下一步的生活打算开始不停地"内卷"。

这些对前途及未来的过度忧虑，让年轻人还没有找到自己的梦想，就在社会淬炼中丧失了自我，进入中年又担心失业、房贷车贷无力偿还、孩子求学无门、父母一天天老去，自己却一事无成，终日烦恼忧愁，以致吃不下饭，睡不着觉。渐渐地，形成了一种心理疾病。

焦虑之所以成为一种伤害，是因为没有及时调整对焦虑的看法。在心理学家看来，生活和工作中要懂得给自己一些积极的心理暗示，以免被焦虑的情绪控制无法自拔。累了就休息，困了就睡觉，不过度消耗自己。

除此之外，克服焦虑最好的方法之一就是不与自己较劲，跟自己和解。面对成败得失，要么弥补，要么放下。人生哪能多如意，万事只求半称心。不与自己较劲，就是跳出了"完美主义"陷阱，也能够摆脱"沉没成本"，不必凡事争第一。

本书从生活中的一些小事例入手，对焦虑情绪采用从现象到本质的分析方法，给出较为可行的解决方案。书中所述，都是告诉大家：静中带有一个争字，稳中带有一个急字，忙中带有一个亡字，忍中带有一个刀字。越争，心越要静；越急，心越要稳；越忙，越要照顾好自己；越忍，越要看清事态。你可以什么都没有，但是必须有一颗勇敢强大、淡定从容的内心。

世界从来不会对一个心静的人喧嚣，生活从来不会让一个心静的人彷徨。希望书中的一些方法和技巧，能带领大家一起走出焦虑。

 目录

第一章　别想太多啦：关于焦虑的那些事儿

浑身紧绷的你，是否掉入了焦虑陷阱　　003

死神来了？别担心，不是你的"定制版"　　006

健康焦虑症，你为何天天害怕自己生病　　009

广泛性焦虑，莫名担心一些小概率事件　　012

越焦虑，越会陷入焦虑恶性循环　　015

第二章　我们内心的冲突：探寻焦虑的根源

祖传焦虑，瞧瞧你的家族树　　021

创伤的烙印，过往经历对焦虑的影响　　024

情绪怪圈，焦虑与心理因素的纠缠　　026

奇怪的焦虑源，出人意料的触发因素　　029

第三章　做自己的心理医生：理解焦虑的本质

过度担忧，焦虑如何影响你的思维　　035

身体回应，焦虑是怎样让你心慌气短的　　038

焦虑上演，心理到生理的全方位反应　　041

惶惶不可终日，焦虑对身心的全面侵袭　　044

内外影响，心理和生理如何相互博弈　　047

第四章　认知觉醒：改变焦虑的思维模式

情绪骗子，别让自己陷入思维的陷阱　　053

负面预言，把焦虑从解放器中解放出来　　056

消灭"怕怕"，对抗焦虑引发的恐惧　　059

翻转模式，正面思维释放焦虑束缚　　062

重塑现实，你担心的很多事都不会发生　　065

第五章　不纠结：停止你的内在战争

深呼吸大法，平静你的焦虑之风　　071

放松游戏，释放身心压力的小技巧　　074

紧急救援包，危急时刻的应对策略　　077

运动是解决焦虑的神奇力量　　080

第六章　不畏惧：从"社恐"到"社牛"

聊天大作战，拒绝只是一个小插曲　　085

职场霸主，与领导面对面，别害怕　　088

比房比车比工资，同学聚会的焦虑烦恼　　091

"宅人"拯救手册，如何融入社交的大舞台　　094

解码害羞心理，跨越害羞的内心之墙　　097

先接纳自己，而后赢得他人的接纳　　100

平衡线上线下，重拾线下交流的能力   103

爱的温暖，社交关系如何舒缓焦虑之痛   106

真实的魅力，不需要冒充外向的人就能发光   109

治愈社交恐惧症，别不好意思   112

第七章　不攀比：做了不起的自己

"朋友圈嫉妒症"，为何总是羡慕别人的生活   117

自卑与优秀，揭秘内心与外在的矛盾   120

为何会渴望别人的认可   124

身份焦虑，为何不敢做真实的自己   128

"别人说"的毒药：摆脱外界评价的困扰   132

不要和别人"比惨"，掌握心理平衡的秘诀   135

真实的人生，无需追求所谓"高大上"   138

摆脱期待的桎梏，活出与众不同的人生   141

第八章　断舍离：学会舍得与放弃

金钱焦虑，即使月薪十万也无法摆脱   147

过度努力，带来的不是真正的满足   150

不必勉强自己，学会与岁月和解   153

逃离"北上广"，却未逃脱焦虑之网   156

别陷入"内卷"陷阱，规划与盲从的微妙平衡   159

欲望越大，焦虑越甚   162

坚持的意义：无效的坚持导致迷茫   165

繁忙≠努力，看繁忙背后的真实与虚幻   168

第九章 自渡：真希望你能好好爱自己

舒缓灵魂的武器：如何用音乐治愈焦虑 173

大脑重置：探索冥想对焦虑的神奇疗效 177

呼吸的魔力：用呼吸调整焦虑情绪 180

恢复内心平衡：挑战焦虑的瑜伽技巧 183

爱与自由：将艺术和创造力作为抗焦虑的武器 186

拥抱大自然：汲取大自然的疗愈力量 189

走出舒适区：勇敢面对挑战，超越焦虑 192

快乐的秘密：从快乐中建立焦虑防火墙 195

第一章

别想太多啦：关于焦虑的那些事儿

焦虑，如同隐形的枷锁，常常在不经意间束缚着人的心灵。老人言："心乱则百事忧。"焦虑不仅影响人的心情，更可能阻碍大家前行的步伐。

　　焦虑并非洪水猛兽，它是内心的一种情绪反应，是对未来不确定性的担忧与恐惧。心理学家认为，适度的焦虑可以激发人的潜能，推动人们前进。但过度的焦虑却会让人们陷入无尽的困扰，甚至影响身心健康。

浑身紧绷的你，是否掉入了焦虑陷阱

现在网络上有一个很流行的词——松弛感，它代表慵懒、佛系、洒脱的生活态度。但是，保持松弛感并不容易。每天早上一打开手机，铺天盖地真假难辨的信息就会不断冲击着我们的思想，不断挤占我们有限的大脑容量，同时，社交媒体和网络信息的泛滥也增加了我们的心理负担，所有这些都会让我们不由自主地陷入焦虑的陷阱中。

别人的做法就是别人的，别往自己身上安

"早晨起床铃声响起，环顾四周发现室友早已进入学习状态。下午暗自下定决心去图书馆认真学习，几个小时过去却只学到皮毛。晚上定下目标早点睡觉，却打开手机刷视频看热点到凌晨一点。看着周围的同学充实而又收获满满的一天，自己却无法改变现状，焦虑的情绪开始潜滋暗长。"张莉莉最近就陷入了这样的焦虑。

同为学生的明明被保送某知名大学读研，开始她很放松。每天起床最晚，回宿舍最早，成绩依然优秀，可看到大家每天匆忙奔赴在教室和图书馆之间，她就莫名产生一种罪恶感，总觉得自己在荒废学业，虚度光阴。于是，她也强迫自己晚回宿舍，即便完成学习任务，也不愿早回宿舍，时间久了，她就开始心神不宁，常常焦虑得整晚睡不着觉，成绩也是每况愈下。

她们的情况就属于典型的"焦虑对抗"。当人们感到焦虑时，常常会试图通过控制自己来对抗焦虑，但越是对抗，焦虑就越甚。就

如，明天要考试，很多人就会很担心发挥失常，焦虑到睡不着觉，可又讨厌自己、痛恨自己为什么要这样焦虑，告诉自己不要焦虑了，结果并没有用，还是无法阻止焦虑情绪的产生，就这样折腾了一宿，天亮去考试了，本身信心不够再加上睡眠不足，果然考砸了。

人们希望能够把焦虑赶走，解决困扰自己的焦虑问题，但往往适得其反。人们试图抵挡焦虑，却在不知不觉中制造了新的焦虑，甚至让原本的焦虑问题成为现实。这种情况会形成一个恶性循环，称之为焦虑陷阱。当陷入这个陷阱后，就会陷入"焦虑—对抗焦虑—对抗焦虑不得产生新的焦虑—焦虑成为事实"的循环中。

长此以往，就会发现自己越陷越深。焦虑不仅没有得到缓解，反而变得更加困扰自己的日常生活。所有这些问题的产生都是源于过度对抗焦虑，试图摆脱它，却忽略了焦虑的本质和内在需求。

别对自己要求过高，远离过劳，不消耗才能让一切更好

人为什么会焦虑呢？是因为在那一刻，体验到了自己无法左右结果的感受。可能是能力不足，可能是运气不够，可能这件事由别人来决定……总之，结果是自己不能控制和确定的。焦虑本质上是一种对未来不良结果的担忧念头。常常焦虑的人往往对现状不满，对未来恐慌，害怕失败、拒绝、否定。焦虑简单分为合理焦虑和过度焦虑。

合理焦虑可以成为行动的推动力，加速结果的达成。例如，一个写小说的人每天都焦虑于完成 3000 字的更新，正是因为有这种情绪的存在，他才会紧密地坚持写作，而不是一直拖延。这种焦虑促使他保持高度的警觉和专注，进而以更大的动力实现目标。而过度焦虑则会使人内心深受折磨，身心俱疲。这种状态导致人们不愿去做任何事情，甚至勉强去做也无法达到良好的效果。过度焦虑会消耗人的精力

和注意力，让人陷入无法自拔的困境。因此，要想不焦虑，就需要找到合理焦虑和过度焦虑之间的平衡点，而不是对抗它，让自己陷入焦虑的恶行循环中。

画重点

1.焦虑的确是对未来不确定性的自然反应，但关键在于学会掌控它，而非让它掌控自己。

2.适度的焦虑能够激发动力，促进成长，而过度的焦虑则会导致精神困扰，影响生活的质量。

3.找到与焦虑和平共处的方法，比盲目对抗焦虑更为重要，这样才能打破恶性循环，恢复内心的平静。

死神来了？别担心，不是你的"定制版"

当今社会，焦虑和不安似乎无处不在。比如当目睹邻居因癌症离世时，许多人就会陷入莫名的恐惧中。这种焦虑似乎将死亡的阴影投射到了每个人的心头，让人们对未知的命运感到过度焦虑。

别跟着已发生的恐惧事件诚惶诚恐

李先生是一个 50 岁的成功商人，他拥有一个温馨的家庭和一份蒸蒸日上的事业。但是身边有朋友突发重病，妻离子散。于是，他开始频繁地想象自己死亡的场景，在睡梦中和清醒时，常常感到心跳加速，呼吸急促。他害怕自己会突然死去，留下家人痛苦不堪。于是他开始频繁地去医院检查，尽管医生告诉他一切都正常，但是他总是觉得有误诊，甚至回避社交。

张东是一名野外培训教练，因为目睹同事心梗突发离世，他经常无法集中精力工作，总担心自己因为运动和同事一样突发性离世。所以他常常感到疲惫不堪。和家人的关系也变得紧张，总是无缘无故地发脾气。他甚至开始不愿意去室外上课，害怕在人群中突然倒下。

以上的案例中，在朋友的劝说下，两位先生都去寻求心理咨询。经过深入的谈话，心理医生发现李先生的死亡焦虑源于他对未知的恐惧，以及对失去亲人的担忧。通过认知行为疗法和渐进性肌肉放松训练，李先生逐渐学会了如何应对他的焦虑情绪。他开始意识到死亡是生命的一部分，而他应该珍惜当下，关爱自己和家人。

经过一段时间的修复治疗，他们的焦虑症状得到了明显的缓解。重新找回了生活的乐趣，与家人和朋友的互动也变得愉快而轻松。当学会了如何与自己的恐惧共处，就能意识到珍惜每一个活着的瞬间才是最重要的。

自古至今，面对终将到来的衰老和死亡，人类内心深处的恐惧始终如一。不论是古代秦始皇遣人海外寻找不死之药，还是明代皇帝通过炼丹术寻求长生，抑或现代社会人们对各类保健品和养生法的热衷，都是人们试图逃离死亡阴影而采取的措施，显而易见，死亡的恐惧普遍存在于人心。在心理学领域，这种状态被称作"死亡焦虑"，描述的是个体在遭遇生命威胁或极端负面状况时出现的强烈情绪反应。这种现象通常源于个人内在情感的偏离，持续的现实压力或重复的刺激，导致大脑皮层和下层神经之间的正常相互作用发生混乱。

遭受这种焦虑的人会经历对死亡的剧烈恐惧，可能伴随着幻觉、错觉和妄想，并且不断感到精神上的紧张。生理层面，他们可能会遭遇心跳加速、呼吸急促、频繁的尿意、颤抖、大量出汗和失眠等症状。在日常生活中，他们可能与常人无异，但是在夜幕降临，特别是在灯光熄灭和就寝前那段孤独的时间里，死亡的恐惧就会无声无息地侵袭他们，使得他们陷入无法自拔的焦虑状态。这也表明，黑暗、封闭的空间往往能够加剧个体的死亡焦虑感。

怕死真的会搞砸我们健康的生活

需要明白的是，死亡是每个人都无法避免的终极命运。恐惧并不能改变这个事实，但每个人可以选择以积极的心态面对它。焦虑和恐惧并不能让人更好地面对死亡，相反，它只会让人陷入困境，无法享受当下的美好。到底要怎样缓解死亡焦虑呢？

首先，可以尝试接纳死亡作为生命中不可或缺的一部分。死亡是生命的终结，但它也赋予了人珍惜和珍爱生命的意义。可以通过接纳死亡的存在，更加深刻地体会到生命的宝贵和脆弱，从而更加珍惜每一天、每一个瞬间。

其次，可以通过培养积极的生活态度来减轻死亡焦虑。抱怨和恐惧并不能带来改变，相反，它只会让人陷入消极的情绪中。如果大家都能积极地面对生活，寻找快乐和满足感，就会更好地享受当下的美好，而不是时刻处于对"死亡"的恐惧和焦虑中。

最后，与他人分享和倾诉内心的恐惧和焦虑，也能帮助缓解死亡焦虑。与朋友、家人或专业人士交流，分享自己的感受，可以获得支持和理解。他们的陪伴和支持可以帮助自己更好地应对死亡焦虑，并找到心灵的宁静。

在面对死亡焦虑时，接纳死亡、培养积极的生活态度和与他人分享心声，都是缓解焦虑的有效途径。每个人都要学会接纳生命的不可预测性，珍惜每一天的美好时光，让自己的生活充满意义和满足。

画重点

1. 死亡是每个人都无法避免的终极命运。接纳死亡作为生命中不可或缺的一部分，并更加珍惜和珍爱生命。

2. 抱怨和恐惧无法改变现实，而积极面对生活可以让我们更好地享受当下的美好。

3. 生活的态度决定生活的质量，培养乐观的心态，让我们在死亡的阴影下也能找到光明的力量。

健康焦虑症，你为何天天害怕自己生病

有些人，身体上稍微出现一丁点的异常就担心身患疾病，还会把这些异常放到搜索引擎里，然后再被自己搜出来的结果吓得惶恐不安。怕自己年纪轻轻就身患绝症，怕自己的人生毁在疾病上，怕自己的疾病给家人带来灾难性的打击。他们担心每一次的不适都是癌症的先兆，每一个小病痛都是大疾病的预告。于是无休止地查阅医学资料，对号入座，使自己陷入无尽的恐慌之中。整天忧心忡忡，无法集中精神工作和学习，生活质量大大降低。

这种对疾病的过度焦虑，很多时候是因为对未知的恐惧和对健康的渴望。对自己的身体状况过于敏感，当身体出现一点异常，就会联想到最坏的结果，而网络上的信息繁杂，真假难辨，往往会加剧这种焦虑感。

事实上，身体上很多小异常都是正常的生理反应，并不代表患有严重疾病，过度焦虑不仅不能帮助预防疾病，反而会让人陷入更深的恐慌和无助中。

害怕得病这件事儿，背后藏着情绪反射

和张女士一起跳广场舞的刘姨突发脑出血去世，这使张女士近日总担心自己有"隐疾"。一旦出现胸痛、心悸等症状，就紧张得不行，反复到各大三甲医院做了许多昂贵的检查，都显示她的心脑血管完全正常。可张女士还是担心医院遗漏了什么，没有查出来自己的疾

病。为此她整日忧心忡忡，焦虑不安，失眠、食欲不振，甚至因为情绪焦虑，发现自己开始有些脱发，广场舞也不跳了，和家人也不爱沟通了，生活完全乱了起来。

关于怕病这件事，银行上班的小吴也是受到了影响，原来假期取款的多，他的手有点儿麻木肿痛，看了医生说劳累休息就好。但他最近看短视频，经常说心脏病会引起麻木。然后，他就刷到许多名人都是各种心脏原因去世，他担心自己久坐会引发心脏病。便开始四处寻找偏方看中医，总觉得自己随时会被心脏病造访，日渐眼圈发黑，愁眉不展。

生活中我们也常会遇到这样的情况，因为头疼，便想到会不会得了脑瘤，检查以后发现只是神经性头痛，回家后依然忧心忡忡，非常担心是不是医院的仪器不够精准。像张女士这样的人在现代社会里越来越多。由于作息不规律，日常生活压力大，许多神经性的反应痛，总是让人忧心不已，从而身体神经系统引发的情绪不安，就会让人担心自己生了病。

从心理学上讲，这是犯了典型的健康焦虑症。它主要指的是患者对自己的健康产生焦虑的情况，患者往往身体没有太大的问题，通过各种检查排除了躯体疾病，但是患者对于自己的身体状况仍然担心害怕，感觉得了绝症，自己身体有重大的问题，所以忧心忡忡。

这种焦虑和痛苦的程度与现实身体的健康状况不相匹配，患者因此坐卧不宁，有大祸临头的感觉，同时也会出现身体不适的感受，例如出现头晕，头痛，心慌，心悸，胸闷气短，尿频尿急，这些往往是因为焦虑，紧张，担心害怕，激发了交感神经兴奋引起的。但是各种系统的检查，影像学的检查都未发现有躯体阳性症状的表现。

针对这种情况，不要过分担忧，而是要积极采取相应的措施，经过系统的心理调节或药物治疗，而不是活在每日无端的恐惧中。

强健的不安背后，应对所有的衰弱才是上上签

每个人都可能遇到张女士的问题，因为焦虑无处不在，面对如此现状，我们有应对办法了吗？心理学家给出几项建议。

首先，调整生活习惯，保持良好的作息，保证充足的睡眠，适当进行运动，如散步、跑步、游泳、爬山等，并适当到户外呼吸新鲜空气。运动能增加快乐的细胞，也能够让人情绪放松下来。

其次，放松身体，避免过于忙碌或劳累，可通过睡前用热水泡脚、泡澡，或结合适当按摩等方式放松肌肉，有助于消除身体疲劳，从而缓解焦虑。身体的放松结合情绪的放松，更能够让人保持身心的健康和谐。

最后，转移注意力，尝试新的兴趣爱好，缓解对同一件事情产生的焦虑情绪。排解焦虑的第一法则就是去找一项自己的兴趣爱好，然后去钻研它并坚持下去，这样，就能够很好地应对对健康的过度担忧了。

面对健康焦虑，选择用综合的方法去应对它，缓解自己对强健的不安，从而缓解由情绪上的假病灶带来的身体衰弱，这才是上上签。

画重点

1.伴随着年龄的增长，身体的机能衰退是正常的生理现象，接纳变老变弱，并从容面对，是我们人生成长的一个必经课题。

2.忧心病态的身体提前来到，只会加剧身心对自我的伤害，不如养成日常保养的好习惯，用健硕的体魄赢得每一个美好的当下。

3.去热爱生活，热爱自己的热爱，才能够让自己远离病痛与忧思，沉浸在某一个令你愉悦的领域，总会在风雨后见到彩虹。

广泛性焦虑，莫名担心一些小概率事件

坐火车时，怕火车脱轨；坐电梯时，怕电梯突然失灵下降滑落；男朋友打电话不接，总担心他是不是开车路上出了什么意外；家里小朋友放学回家晚了几分钟，害怕小朋友被人劫走了……如果你经常会有类似的想法，你情绪上或许已经"焦虑"了。

普通人听到这样的描述，可能觉得有点儿不可思议，甚至觉得简直就是杞人忧天嘛！但是，或许只有经历过这一切的人，才能够共情和体会这其中的痛苦滋味。

刷到陨石掉下来，担心自己会不会被砸

林林刷手机总能看到陨石在宇宙里无目的地转，然后再翻下去，陨落地面，可能会有大面积寸草不生。于是，林林开始查阅自己所在地区的地理位置，设想着如果有一天陨石掉落，该往哪里逃生。一开始，林林只是出于好奇，但是，时间久了，她开始网络购买各种逃生工具，并且在休息日里也一直训练逃生。家人一开始没在意，后来发现林林的这种行为让其感到十分焦虑。

阿飞准备用年假时间出去旅行，但是看到飞机坠毁事件，便开始搜索自己所搭乘的航班信息，看是否安全。但是越看越觉得飞机随时可能会出安全事故，于是退了机票。选择高铁，可是又觉得高铁太快也不安全。他没日没夜地看交通工具，不吃不睡，最后，他取消了旅行，他觉得只有这样，关于坠机的小概率事件才不会落到自己身上。

在互联网短视频风靡的时代里，人们获取信息的途径越来越多。能够抓取的感兴趣的信息，本来是为了丰富人们的大脑，但是，不断的数据抓取投放和信息刺激，容易让人陷入一种投射性心理反应。仿佛自己和抓取的信息有着密不可分的关系，但又说不清是什么关系。当不断被信息刺激大脑皮层以后，人们就会陷入一种广泛性焦虑中。

从心理学上讲，广泛性焦虑障碍（GAD）是一种慢性焦虑障碍，其特征为持续的紧张不安和过度担忧。这种担忧常常是泛化的，涉及生活的方方面面，而不局限于特定的情境或目标。广泛性焦虑症患者通常会体验到紧张、不安、易疲劳、注意力难以集中等症状，这些症状可能会影响人们的日常生活和工作表现。

持续地担忧会被小概率事件砸中，更易疲劳和失控

持续地担忧小概率事件，有时像是中了魔咒一样，让人无法摆脱紧张的情绪，时刻处于备战状态。这种状态不仅会打乱日常生活，长期的紧张情绪也会导致神经疲劳，使情绪更易失控。然而，理解特定小概率事件的本质和发生概率是关键，它可以帮助我们科学地评估风险，从而减轻担忧和焦虑。认识到这一点后，我们就能采取积极的措施，比如制订应对计划和寻求社会支持，以减轻焦虑对我们生活的影响。

首先，学习呼吸放空疗愈方法。这通常是瑜伽或是道家修行人等的日常练习方法，通过用力吸气用力呼气的方式，让身体先软下来，一方面是将体内积压许久的郁结力量呼出，同时也是让身体与自然相融合。

这样简单易行的练习方法，可以暂时让大脑放下所焦虑的一切，更多地感受身体的松软，能够很好地消除疲劳感。

其次，搭建并取得社交支持网络。这是一种暂时阻断干扰自己思

绪的信息的方法，同时让自己向外社交，多与家人、朋友开展生活交流，回归到真实世界的烟火日常。然后去和生活中的人共建一餐饭和一次聚会，去享受通过社交支持所带来的快乐和满足，从而抵消对小概率事件的关注度。

最后，专注于一项活动的实施。这是一种能够破解广泛性焦虑最有效的方法，就是减少过量的窄众信息进入自己的视野，使自己不再受到外界思维的干扰。同时能够找到一项自己喜欢的社会活动，投身进去，在沉浸式参与的过程中，体味生活的快乐，将自己的快乐回归到掌握之中。

画重点

1. 消除过度干扰是每个人人生的必修课。每个人都只有短短的一生，要去做自己觉得有意义的事，过自己觉得有意义的人生。

2. 用担心星星会掉下来把自己砸到的时间，去读书、看风景、享受世界带来的一切美好，才是破局焦虑的核心。

3. 聚焦你热衷的活动，在行动中延展自己的个人价值和社会余热，多做令自己身心愉悦的事，才是必要性行为。

越焦虑，越会陷入焦虑恶性循环

晚上加班回家，路上一片漆黑，心里就开始发毛了，总想着会不会有人突然从背后跳出来，或者是踩到什么乱七八糟的东西。其实心里也知道，这种事儿发生的概率小得就像买彩票中大奖一样，但还是忍不住要想东想西，搞得心里七上八下的。

人天生就对未知的事物有一种莫名的恐惧感。因为我们的大脑总是喜欢把事情往最坏的地方想，这是大脑自我防御机制所导致的，这种情况实际上是一种心理现象，被称为"负面偏差"或"风险厌恶"。人们往往对负面事件的可能性给予过多的关注，即使这种可能性非常小。这部分是生物进化的结果，我们的祖先为了生存，必须对潜在的威胁保持警惕。在现代社会，这种本能反应有时会在没有实际威胁的情况下发生，导致不必要的焦虑和恐惧。

危险是个黑洞，越是无理由深究越是边界无限大

东东妈是全职二宝家庭主妇。因为宝妈群里常常会发一些寻亲的转发信息，东东妈便开始害怕，每次带宝贝外出都非常警觉，害怕身边有坏人。于是，她便开始减少外出，尽量网购，但是在快递盒子上也会看到寻子信息。东东妈越想越害怕，连快递都不敢让送上门，害怕送快递的也有可能是骗子。时间久了，东东妈很少外出，也经常睡不着觉，不和身边人交流，总是觉得每个人都有抢走自己孩子的可能。

小梅看到短视频里说，单身女子在马路上会被很多人明晃晃地抢走。本来计划好的去逛街，她总觉得身边的人都像是人贩子。回家身后有人也觉得像是被跟踪。她很害怕独自出门，下班也是和同事结伴同行，只要一个人就宁愿住在公司。时间长了，小梅非常害怕和陌生人接触，连工作见客户都不敢去了，不仅引起了社交的恐惧，还影响了正常的工作。

对于安全感的需求也是人类的基本心理需求之一。当人们感到自己无法控制周围的环境或事件时，就会产生不安全感，进一步引发焦虑。在当今充满不确定性的世界里，危险和安全感的焦虑常常困扰着许多人。人们对于潜在的危险有一种本能的警惕，这是生存的本能，但在现代社会中，这种警惕有时会过度放大，导致不必要的恐慌和焦虑。

在心理学中，对没有安全感和放大危险性的描述主要涉及焦虑和恐惧的情绪。安全感是人类的基本需求之一，当个体感到自己无法应对环境中的威胁或挑战时，安全感就会被削弱，从而产生焦虑和恐惧的情绪。

这种焦虑和恐惧情绪可能会导致个体对危险性的过度估计和放大。他们可能会过分关注潜在的危险，对发生频次不高的事件产生过度的恐慌，甚至对正常的日常生活和社交活动产生干扰。

此外，这种对危险性的过度估计和放大还可能引发一系列的生理和心理反应，如心跳加速、呼吸急促、注意力不集中等，进一步影响个体的情绪和行为。

警惕危险是自保行为，但是过度放大就是自寻烦恼

警惕性是一种自然的自我保护机制，它可以帮助我们避免危险和不良后果。然而，当这种警惕性过度放大，变成了无端的担忧和恐惧，它就可能转变成一种心理负担，导致不必要的精神压力和焦虑。过度的担忧不仅会妨碍日常生活的正常运作，还可能对身心健康产生负面影响。

对于像东东妈这样的情况，合理调整对环境风险的认知和应对是很重要的。包括学习如何区分合理的预防措施和不必要的担心、开发有效的应对策略以及培养健康的思维习惯。这样，个体就可以在保持警惕的同时，避免过度放大潜在风险，从而过上更加平衡和宁静的生活。具体要怎么做呢？

首先，调整思维和行为模式。人们总是担心自己或亲人会遭遇意外，这种担心可能源于对疾病、交通事故、自然灾害等的恐惧。我们应适时地调整这种思维，将恐惧化为预防的小常识，提前准备防御措施等，将对未来的担忧化为对危险的有效预防是首要核心任务。

其次，做放松训练。所有的焦虑原点都是以日渐形成的紧绷情绪为起点，所以，做放松训练是基石。这样的刻意练习有许多种，因人而异，可以选择跳舞，可以选择写毛笔字，也可以选择马拉松长跑等等，让自己坚持动起来，做一项刻意的、经常练习的、能让自己双肩放松下来的事，从而减轻被危险占据满心的痛苦感受。

最后，要提升认知。学会区分真实危险和夸大危险，同时也要培养自己的应对能力和心理韧性。通过科学的方法来了解和处理风险，以及通过积极的心态和行为增强自己的安全感，可以帮助人们减轻焦虑，更好地面对生活中的挑战。从而减轻焦虑和恐惧，增强安全感。

画重点

1.人生就是一路危险，多做未雨绸缪的规划，减少危险发生在身边及最亲的人身边的概率，或许这也是增加安全感的路径之一。

2.刻意练习是个让自己放松快乐、恣意生活的砝码。找到一项运动或是一件事，能让你坚持去做，并且能够得到满足感，忙碌与充实的时光，让你想拿放大镜去审视危险的机会下降颇多。

3.人类永远无法感知自我认知之外的事，所以，懂得区分和夸大危险的处境，更能够减轻恐惧和忧患。

第二章

我们内心的冲突：探寻焦虑的根源

在快节奏的现代生活中，焦虑往往如影随形。可能是内心的躁动，或是外界的影响。唯有以客观视角，洞悉焦虑本质，寻觅摆脱阴影的方法，理解它为何产生，以及如何面对，才能更好地应对焦虑，找回内心的平静与安宁。

祖传焦虑，瞧瞧你的家族树

"你看隔壁家小丰，和你一样大，都生二胎了，你却连个对象都没有！"

"你和你爸一个样，一回家就玩手机，从来也不想想以后的日子怎么过。"

"你看你二姨家表哥多孝顺，给他爸直接买了辆车，还给你二姨两口子接城里住去了！"

这样的话听起来是不是很耳熟？像是身边发生的一样。在这个快速变化且容易引发焦虑的时代，人们在外应对生活的压力，不断鼓励自己，勇敢面对挑战。然而，在家庭内部，与亲人的相处往往充满挑战，令人感到无力。尤其是在许多家庭中，代代相传的思想观念，往往埋藏着能够引起焦虑的因素，让人们在应对时感到格外吃力。

根深蒂固的基因性焦虑，是真的吗？

白凡是小镇的有为青年，在北京工作，家人以他为傲。但是一到放假，他就恐惧回家，朋友都笑他得了回家焦虑症。原来，他从小就在家人极度担忧中成长。小时候家里人担心他个子小被欺负，天天将他浑身查个遍，怕他遭到霸凌。甚至因为怕他恋爱误学，整日跟着他，搞得他像个嫌疑人。现在，全家又开始担忧他找不到对象。白凡一想到要见家人，就会莫名的睡不好觉，陷入焦虑和恐惧中。

同事小韩聊起家人也有类似的困惑。她说不喜欢母亲什么都管着她，过度操心，就连买什么样的内衣，母亲都要插手，这让她感觉毫无自由。为此她也和母亲多次争执过，就这样从青春期一路叛逆到成家。等她自己有了孩子以后，忽然发现自己的亲子关系居然和母亲当时一样了。她总是担心儿子的各种成长问题，但是，儿子就是不随她的意。相处模式简直是遗传了一样，只是现在自己是当时母亲的角色了。

以上的场景是不是似曾相识。许多人都会受到来自家族担忧的困扰，家庭带来的焦虑感，像是躲不掉逃不开的宿命，困住了大家。恰恰这些自己想摆脱的紧张情绪，就像魔咒一样扎根在自己的生命里，一不小心自己也把自己活成了制造焦虑的人。

这样奇怪的现象，常令人怀疑是祖传下来的，一代传入一代。在心理学研究领域，焦虑症是有遗传倾向的，在家族中有聚集现象。所以，不用怀疑，基因性焦虑是存在的，也不必困惑，面对这样的家族遗传现象，想办法去应对才是最关键的。

家族性焦虑怎么化解?

明白家族性焦虑确实存在后，便可以尝试寻找方法，摆脱基因影响下的情绪，化解和调试所面临的困境。

首先，寻找合适的人适度倾诉。多向家人表露自己的情绪，分享自身困惑。勇于承认自己的情绪困境，获得亲近之人的支持和鼓舞，短期内可缓解忧虑。当被同理心对待时，会产生困难有人共担的感受。一定时间内，可以减少焦虑情绪聚集，形成情绪缓冲，使不良情绪不在体内某处堵塞，即时疏散。

其次，学习注意力转移法。焦虑的常态是对某件事过度担忧，从而使思维进入死角，自我意识受到束缚。被困住的往往是想法，不断反复的过程就会形成情绪恶性循环。进行注意力转移能有效打破这种循环，将聚焦的感受转移到养植物、听音乐舞蹈、和同龄人打球互动等事情上。当投入到另一项能带来愉悦感的事情中时，不良情绪就会得到缓解。

最后，尝试寻求专业帮助。心理健康问题已经成为社会关注的话题，面对根深蒂固的遗传性问题，如果已经明确是中度以上焦虑，可以尝试寻求专业帮助。心理卫生科的医生会协助你了解病因，并与你共同疗愈。

画重点

1.适度倾诉，寻求鼓励，取得理解，形成不良情绪共担，减少焦虑聚集，形成情绪缓冲。

2.学会注意力转移法，将方法应用到生活中。

3.敏锐察觉自我情绪死结，丢不掉时，用其他愉悦身心的方式代替。

4.专业问题找专业人，尝试寻求专业心理医生的帮助。

创伤的烙印，过往经历对焦虑的影响

生活一路走来，很多人可能曾经遭遇过各种创伤，创伤有来自身体上的伤害，也有来自心理上的痛苦。这些创伤会在内心深处留下无法磨灭的印记，影响人的情绪、思维和行动，从而令人易消沉、爱发怒、整个人也非常敏感。焦虑则是对未来无法确定的担忧和恐惧，创伤会加重焦虑情绪，并令人无法专注眼前的生活。曾经受过的每一寸伤害，都深深影响着一个人一生的命运。

PTSD（创伤后应激障碍）多少人能熬得过

木木特别害怕玻璃打碎的声音，只要遇到打碎碗或是杯子，她都会蜷缩起来。需要亲人抱住她安抚很久，才能够放松下来。后来她和男朋友说出了原因。小时候父母吵架，父亲大怒掀翻了桌子，盘子、碗摔在地上，弹起的玻璃碎片扎进了木木的小腿。在这之后，她就对破碎声非常敏感，严重时会无法行动。

像木木这种，在经历或目睹了极其严重的创伤性事件后，所出现的一系列心理和生理反应，就是PTSD，也称为创伤后应激障碍。这是心理学上的一种典型的现象。创伤性的事件可能包括战争、自然灾害、暴力攻击、性侵犯、交通事故等。PTSD主要症状包括闪回、噩梦、强烈的情绪反应、回避与创伤相关的事物、高度警觉等。

PTSD不仅会对个人的心理健康产生负面影响，还可能导致身体上的不适，如失眠、头痛、消化问题等，极易令焦虑症状循环反复，会影响社交生活、工作能力和整体生活质量。PTSD症状的严重程度因人而异，并不是所有创伤都能发展成PTSD，但面对这种心理反射现象，还是要有合适的方法来化解对个人的影响。

"你是安全的!"这是重中之重

　　创伤后应激障碍因人的不同，轻重有所不同，而且每个人的经历和反应都有可能不同，但早期干预和适当的治疗能够帮助患者克服症状，恢复正常的生活。治疗的过程中，主要是学会应对焦虑和恐惧的技巧，令自己逐渐重新面对工作和生活。

　　首先，进行物理环境隔离。就是尽可能为自己创造安全、稳定的环境，减少触发症状的因素，这也是给情绪做一个缓冲。

　　其次，提升对心理学知识的认知。通过学习了解PTSD的影响和来源，了解自己的状况，减轻焦虑感和担忧的情绪，淡化焦虑的程度。

　　最后，寻求帮助。这不仅是要寻求单纯的心理支持和帮助，同时需要找自己可以信任的人提供生活中的帮助，比如陪伴、帮忙处理相关事务等。减轻生活中的重担和心灵上的无助感。

　　最重要的是要理解这些现象，也要保持耐心，因为康复的过程是漫长而困难的。每个人的需求和恢复路径都可能不同，必要的时候与专业人士合作，制订个性化的支持计划也是非常关键的。

画重点

　　1.远离创伤环境与场景，让自己物理环境上处于安全状态。

　　2.学习心理学知识，扩大认知范畴，与PTSD共处。

　　3.寻求帮助，为自己工作和生活减负。

　　4.主动寻求陪伴，减缓心灵上的孤独与担忧。

情绪怪圈，焦虑与心理因素的纠缠

人们常会遇到一些压力大的事情，比如工作忙、考试多，可能就会感到焦虑。这时候，心理会变得紧张、担心，甚至会出现心跳加快、出汗等生理反应，而这些因素又会反过来加重焦虑。

"最近经常加班，感觉好累，又不敢休息，怕影响进度上司批评，然后觉都不敢睡。"

"什么都不敢吃，男朋友老说女生胖不好看，不吃又饿得没精神，现在看到东西都没食欲了，也没瘦。"

怕失业、怕胖、怕无法晋升，怕……然后开始无法入睡，对食物没有欲望，这些情况已经成为常态。看起来没有大问题，但是担忧和焦虑情绪却像定时炸弹一样，压在人的心底。

越焦虑，心理压力越大，情绪上就会出现应激反应，身体也会受到情绪的反射，投影出行为上的反应，然后再加剧焦虑。

芝麻，小心开门！有时候也是一种恶性魔咒

林林人近中年，老公升职后常应酬到半夜回家，夫妻几乎不沟通。最近她面临失业，照顾孩子，公公又生病，这样的现状让她觉得非常无助，她焦虑、孤独又无助，想要离婚却不忍伤害孩子。

王先生是做汽车销售的，车展过后业绩压力很大，完不成任务没钱还房贷和车贷，而且连续两个季度完不成任务，还要面临被辞退的风险，他因为这些担惊受怕，开始疯狂吸烟并且失眠频率越来越高，

有时候三四个小时都睡不上。

成年人的世界里没有委屈可以倾诉，睁开眼全是要依靠你的人。压力在无形中充斥了全部生活，当这些压力无法排解的时候就会形成一些消极的情绪，影响身心健康。生理上的病态再次引发情绪焦虑。如此，恶性循环。

心理学上的行为主义理论表示，"焦虑是对某些环境刺激的恐惧而形成的一种条件反射"。

通过一项动物实验说明：假定按压踏板能引起一次电击，那按压踏板能成为电击前的一种条件刺激，这样的条件刺激能引发动物焦虑的条件反射，这样的条件反射会导致动物回避按压踏板，以回避电击。

这个避开的行为，使动物的回避行为更加强化，以这种方式降低焦虑水平。焦虑发作常是通过训练而取得的对可怕情境的条件反应。在心理动力学理论上看，焦虑的源头在于心理上冲突循环，这也是童年或少年期被压抑，或者是在潜意识中引发了冲突，得以在成年后被激活，从而形成焦虑。

比如关于恐惧的理解，就是对特定物体、情境或活动的过度害怕。包括压力，是指个体对某种情境或事件产生的情绪上的回应，如喜怒哀乐等。这些情绪变化本身也会影响人的身心机能，好的按钮能够打开快乐的情绪，不良的开关打开的就是负面的情绪。

焦虑是怪兽，学着做一个情绪的"驯兽师"

有人说："情绪是一个心魔，如果你不控制它，它便会把你吞噬。"

焦虑感本身也是一种情绪的拥堵端口，拥有合适的方法能够去驾驭它，便不会被焦灼感缠身。

首先，向内关注自己。拥有觉察自我情绪的能力，是很关键的。很多人非常喜欢关注外界的评价，从而忽略自己的感受，很容易受到外界影响，整个情绪和能量都受到干扰。首先要关注自己的情绪变化，找到令自己不舒适的源头，从而进行情绪调节。

其次，寻找适合自己的放松方法。有的人通过运动释放内啡肽和多巴胺等神经递质，从而改善心情和减轻焦虑。有的人通过冥想或是日常的深呼吸等，达到放松身体的目的，从而令整个人松弛下来，减轻焦虑感。

最后，搭建自我情绪调节体系，能够掌控自己的情绪是一件不轻松的事情，身体上暂时的减缓紧张感，是需要刻意练习的。

逐步释放和调理情绪，让情绪的掌控感逐渐增强，能有效减轻焦虑因素的蔓延。

画重点

1. 内观自己，主动察觉自我情绪变化，是打开掌控情绪的第一按钮。

2. 顺应情绪的焦点，找到源头，寻求合适的方法。

3. 运动吧！或者练习深呼吸、冥想等，通过这些方式让自己平和。

4. 驯服自己的焦虑感，坚持刻意练习，形成习惯。

奇怪的焦虑源，出人意料的触发因素

　　每天打开手机扑面而来的是各式各样的信息，刷到的短视频不断地提醒着人们人类生存的自然环境在变差，国外的战事不断，这些常常会让我们皱眉忧虑，很难释然。

植物性脑神经功能紊乱，原来是焦虑症的一种

　　王老师一直体弱气虚，在16岁读书时学业压力过大，就查出过一种病，叫"植物性脑神经功能紊乱"。那时候，她总会突然晕倒在不知何处，输液了许多次。她还以为自己得了不治之症，连查出来病的名字都有这么长。后来，因为家庭条件不好，她暑假就随着父亲去剧团赚学费去了，一直也没有旧疾重犯。几十年以后，她学习了心理学，才知道这是焦虑症的一种，才对自己身体的疾病有了新的认知。

　　李志是一名银行职员，因为工作关系，经常需要找领导授权，但是他总觉得领导看不上他，给他穿小鞋，时间久了，他出现了经常打嗝，有呕吐感，睡眠差，头晕等症状。这些病症令李志十分苦恼，直到去看了心理科，才知道原来都是因为焦虑症引起的。

　　很多人像王老师和李志一样，在环境的重压下，引发了心理问题，但是却不自知，还用常识判定自己身体得了病。其实，在心理学上有一种现象叫作"心理防御机制"，是指人们在面对焦虑和压力时采取的潜意识的心理应对方式。当搭建自我保护机制的时候，便启动了身体、心理上与环境对抗的开关。

这种潜在的自我对抗方式十分内耗，并且隐蔽性很强。有的时候，就连自己都无法分清到底是什么原因生了病，还以为是单纯的物理性疾病。事实上是因为很多沉积的遗传因素、环境变化因素、过往的创伤因素等等，当有特定的环境和事件触发时，便很容易激发病症。

解焦虑的结儿，还需系铃人

焦虑像无形枷锁，让很多人无法摆脱。面对千奇百怪的根源，要正向面对它，就需要更加多维的方法。比如理性情绪行为疗法"ABCDE"模型，它是由心理学家阿尔伯特·艾利斯创立，认为情绪、感受、内心的障碍并不在于事件本身，而是个体对这件事的看法。如果不想被情绪所掌控，就要先识别情绪，找到问题根源，也就是看法，这个探究的过程就是化解焦虑的全程。

运用这样的方法，也能够更好地提升对焦虑感的认知、识别，同时能够确认病的来源，是真的生理上的病变，还是心理上情绪干扰，以便更好地生活。

第一，识别客观现实。面对身体的不适，第一反应常会是器官性病变，忽略了情绪的干扰和反应，以及引发不适的客观事件。去察觉引发不适的事实，是关键的第一步。

第二，清晰事情的发生或者对事件的看法。这一点很重要，通常人会将关注点集中在病痛上，而忽略带来病痛的原因，一旦生理上没有明确的病，就要反向思维是不是情绪病。

第三，基于看法，表现出的行为方式。这一点主要是察觉情绪上是否有了对环境及压力的隐性抵抗行为，引发的身体上的自我攻击。

第四，找出可能错误判断的思维部分，进行积极干预。这是很关键的部分，也就是自我调和的环节。

第五，依据第四点调和情绪或行为，与自我和解，达到解决心理压力的目标。

画重点

1. 识别事实，对自我情绪敏感。
2. 用看法反观事实源头，寻找病源。
3. 调和情绪，达成自我和解。
4. 修正错误思维，积极干预。

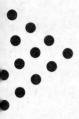

第三章

做自己的心理医生：理解焦虑的本质

焦虑，如同一场内心的风暴，不仅席卷我们的思维，还冲击着身体。它让我们过度担忧，思维混乱。身体本能地回应着焦虑，心慌、气短……备受煎熬。焦虑上演，从心理到生理，全方位反应。惶惶不可终日，身心被全面侵袭。内外影响，心理和生理相互作用，焦虑的力量不容小觑。让我们勇敢面对，化解焦虑，重拾内心的宁静与平衡。

过度担忧，焦虑如何影响你的思维

有些人可能会因为太过担心某些人或事情，导致自己的思维变得很固执，只看到一些负面的东西。比如，有些人总是觉得天气不好，怕下雨，结果就不敢出门。这样的话，他们就会错过很多机会和美好的事物。

所以，要保持开放的心态，从多个角度看待问题，这样才能做出更明智的决策。过度担忧会让人的思维变得狭窄和固化，容易令人陷入负面情绪中难以自拔。这种情况下，人们可能会忽略实际情况，只关注主观的感受，从而做出错误的判断和决策。因此，我们应该尽量避免过度担忧，保持冷静客观的态度，才能做出更明智的选择。

有污点的镜子，很难看到清晰的自己

小小要考试了，她总觉得自己会考不好，原本会的题也做不出来了，看着平时读的很顺利的单词也读不出来了，甚至看到有些汉字明明很简单，突然像不认识的生字一样，思维十分混乱，精力无法集中，复习过程无法正常而有序地进行，她自己也抱头表示十分无助，根本理不出头绪。

赵红最近家里有点困难，房贷、车贷、物业费、采暖费全都集中在一起需要缴纳，老公又刚刚失业，女儿又面临高考。用钱的地方太多了，她总是担心家里会不会被断水断电，于是天天省吃俭用。

身边这样的事情很多，有些人常常看不清真相，就像是面对有污点的镜子一样，面对模糊的一切，会发生"一叶障目"的现象。

心理学有一个著名的实验：别去想那头粉色的大象。实验的参试者被统一要求，不可以去想房间里有"一头粉色的大象"，所有的参试者都以失败告终。这个实验证明了越是提醒自己不去想的事物，思想深处印象会更加深刻。

越是抗拒自己的思想，焦虑情绪越浓，大脑中负责理性思考的空间就会处于停摆状态，所以，越是焦灼时，越难以令判断合乎逻辑。

摆脱焦虑如同打怪，正面迎击而不是被它牵着跑

焦虑就像一个狡猾的怪物，总是试图牵着我们的鼻子走。但要记住，摆脱焦虑就如同打怪，我们不能被它吓得落荒而逃，而是要正面迎击！只有积极面对，才能战胜它，重新找回内心的平静和自信。让我们握紧手中的武器，勇敢地向焦虑宣战吧！

首先，警觉自己偏执的语言。例如一些从认知上不健康的词汇，"所有、所有人、没有总是、所有事、从不、应该每次、不得不"等，要留意自己是否常会运用这样的词汇，然后进行逻辑性的闭环思维。在什么环境下你运用了这些词汇？说出这些词汇的时候你的内在感受是怎样的？最后再思考这些话是客观事实吗？运用这样的方式来摆脱极端的思想，逐步减缓焦虑的严重程度。

其次，可以尝试把焦虑写下来。心理学的行为研究理论认为把特别担心的事写在纸上，然后读出来，这个过程本身就是对事件的梳理，起因结果非常清晰，做的过程也是把情绪倒向了纸上，最后可以选择撕碎它，再扔掉，或者烧掉它，对缓解焦虑很有帮助，从行动的角度，这样的行为能够在思想上认为这件事消失了。患有抑郁的人，也同样可以用这样的方法进行自我疗愈。

最后，丢掉完美主义的心理，修正非黑即白的思维模式，不钻牛角尖儿。完美主义者大部分都焦虑，他们想法极端，追求完美，期待过高，无法实现预期就会逐渐加重焦虑。他们对事情的看法总是持有要么这样，要么那样，不允许中间地带的存在就非常容易进入思维的死胡同，甚至陷入情绪黑洞，负面情绪很难消化。只有不断抛弃扭曲的思想，接受事实的存在，才能令情绪平和，保持理性思考。

画重点

1. 警觉偏执的语言，梳理思想路径，回归理性。

2. 书写疗愈法是良策。

3. 舍弃完美主义，不钻牛角尖，不入死胡同。

4. 保持情绪平和，减少焦灼情绪，思想理性而冷静，才能令生活更加舒适。

身体回应，焦虑是怎样让你心慌气短的

"我觉得压力好大，心里总是慌慌的，呼吸都有些困难。"

"每次想到未来的不确定性，就觉得胸闷气短，好像透不过气来。"

"一想到要面对那么多挑战，就感觉心跳加速，呼吸急促。"

这些话一定很熟悉吧。焦虑会让人感觉心慌气短，好像被一股无形的压力紧紧包围着。就像是站在悬崖边上，每次呼吸都变得困难。或者像是被一堆问题和担忧压得胸口感觉沉重，喘不过气来。当焦虑找上门时，我们的身体和心理都会受到影响，仿佛进入了一个恶性循环。

身体不适就是预警，提醒焦虑来临了

张小非从小在父母身边长大，没出过远门，但考上了外地的大学。每次一开学坐火车前一天，她就会睡不好觉，眼圈黑得像熊猫一样，腹泻，然后胃痛，提前吃药也不管用，还会发低烧。一想到火车上各种各样的陌生人，还有莫名其妙的味道，她就神经紧绷，就算再疲惫她也无法入睡。对于她来讲，每次搭乘火车都是一种折磨。

白小丽毕业后进入了一家大型国企工作，她上班认真跟在同事身后学习，很快通过了新人考核，即将迎来她的第一次接待讲解工作。她非常刻苦，就连上厕所都在练习礼仪和接待词，上下班路上也努力地在头脑中不断模拟这些画面，她总担心自己哪里出错。越是临近第一次接待讲解工作她越紧张，经常出汗，呼吸也急促，说话明显气短，心口如有重物堵住一般难受。

面对压力，有些人常会出现一些突出的身体反应，比如像张小非和白小丽，腹泻、吃不好睡不好、大汗、气短等等。这其实就是身体面对过度担心而引发了生理性的反应。心理学上有一种常见的应激反应现象，就是指当人面临压力或焦虑时，身体会进入应激状态，释放肾上腺素和皮质醇等激素，导致心跳加快、血压升高、呼吸急促等身体反应。

大家要学习通过心脏、肠胃等脏器的突出生理反应，去察觉压力的程度，一旦出现这些身体上发出的信号，就要去正视因压力而产生的焦虑程度。只有能够敏锐地感知这些预警，才能清晰焦虑已经给人带来的不良影响。

忧虑来临时，找到合适的方法调节是重点

正如上面案例中所表现出来的症状，当焦虑找上门时，身体和心理都会受到影响，仿佛进入了一个恶性循环。别担心，你并不是一个人在战斗。面对焦虑，找到适合自己的方式来缓解心慌气短的感觉才是第一位的。

首先，充分休息是第一要务。形成习惯性充足、优质睡眠。睡觉是一件很普通的事，但是要把睡眠调整好，对许多人来讲是十分困难的。因为焦虑已经影响睡眠了，首要任务就是调节睡眠，只有休息好了，才能够清爽应对所有事物。

其次，规律作息，把饭吃好。现代生活压力大，一日三餐常不按时吃或是暴饮暴食，这些习惯会加剧身体亏空。日出而作，日落而息，按时吃饭，营养均衡，把这些最简单的事坚持做下去，身体的紧

绷感会逐渐消除。

最后，学习分散注意力。当遇到令你不安的事情或环境时，为自己配搭几样可以分散注意力的物件，比如听能让你松弛下来的音乐，或是玩儿一会儿放松的小游戏，随身带个魔方都是可以的。先将自己放松下来，再去做事。

每个人的情况不同，找到适合自己的方法可能需要一些尝试和探索。如果心慌气短的症状持续或加重，最好咨询医生或专业心理健康专家的建议，先排除生理性的疾病，再进行心理上的疗愈。

画重点

1.忧虑来临时，要马上启动应对系统。

2.充分休息，才能让身心共同协助，更好地生活。

3.生活规律，营养均衡，先让身体回归到正常轨道。

4.尝试分散注意力，找到适合自己身体放松的方法，先平和，再思考。

焦虑上演，心理到生理的全方位反应

有时候，当人遇到一些棘手的事件时，就像身体和心理开启了一场大混战。忐忑的感受，来回踱步的行为，脑子里像放电影一样停不下来，思前想后。

"我总是担心自己做得不够好，连睡觉都困难。"

"感觉心跳得超快，好像要跳出嗓子眼儿了。"

"脑子里一片混乱，不停地想东想西，根本停不下来。"

"全身都出汗，手脚发冷。这可怎么办呢？"

面对非常紧急的事件，并且自己找不到合适的解决办法。这个时候，无论是从行为上，还是心理上，担忧和急躁就像一个不请自来的客人，总是在人们最不经意的时候敲响门铃。它会让人的心跳加速，思绪纷乱，甚至让人在夜晚辗转反侧，难以入眠。

越想丢掉焦虑，焦虑越如影随形

张生维是广东人，要回北方做公开演讲，他刚学习普通话，所以，非常担心自己在语言上的表现，于是他拼命练习说好自己的名字，以给人一个好印象，但就是说不好，怎么讲听起来都和普通话相距很远。练的嗓子都哑了，他很沮丧，在酒店洗手间也对着镜子练习，越练好像越说不清晰。他索性躺下不练了，但是脑子里全是自己说不清楚名字被取笑的场景，自己也有些懊恼，同时，他的胃开始有绞痛感，食欲不振，紧接着就生了一场病。

泡泡被催婚催生，面对一次次相亲，对方程序性的提问，挑剔她的衣品和工作收入等，让她感觉压力重重。她非常抗拒，导致每次和异性用餐，都会说不出话，频繁想去洗手间。她非常想改变这种情况，但却愈演愈烈，每一次相亲不是胃绞痛就是头疼，导致连和朋友吃饭都不愿去了。

有些人身体上的一系列不适反应，比如说，感觉心跳加速，就像刚刚跑完一场马拉松；呼吸也变得急促起来，好像有人在你肚子里打鼓似的。还有可能会出现头痛、胃痛、手脚发冷或出汗等症状，这些都是身体在告诉你："嘿，我有点紧张！"

从心理学的角度看，焦虑其实是我们的大脑在面对不确定或潜在威胁时的一种自然反应。它就像是大脑的一种自我保护机制，提醒我们要警惕可能的危险。但是，当焦虑过度时，它就会变成我们的负担，影响我们的生活质量。

当"焦虑"降临，就试着与其共舞

焦虑就像人的影子，越关注它，它越跟随着你，有些时候它的存在是为了不断提醒可能存在的危险和威胁。在某些情况下，这种焦虑的外在影响确实可以帮助人保持警觉和应对挑战，但如果焦虑过度或这样的情绪持续存在，就会对人的生理和心理健康产生负面影响。所以，找到合适的方法，正向应对它，才能让生活忧复平静。

首先，与焦虑共舞。有时候焦虑的存在并不一定都是差的感受，在不同的环境中，有些时候它也能够激发人的向上精神，但要依据个体的能力与适应情况而定，当无法摆脱这些随之而来的焦虑时，不如与其共存，接纳它的存在，并适应它，然后去做自己能做和想做的，不强求。

其次，像练太极一样看待焦虑。既然凡事都有正反面，不如和焦虑打个太极拳，不对抗情绪，不强迫自己，让自己气息平和，思想清明。与焦虑进行你来我往的和谐相处模式，能够调控焦虑情绪的节奏，让它不影响生活。也可以真的去学习太极拳，投入到其中，感受自己的身体和思想合为一体时的自我专注。

最后，设定新计划和目标，将生活掌控起来。大部分焦虑都是因为失控感变强，所以，设定一些自己意愿强烈的能够完成的小目标，完成阶段性小目标以后，会产生自我掌控感和成就感。比如一天写一个毛笔字，每天读书十分钟等等，增强自我的满足感，也能够逐渐淡化焦虑。

画重点

1. 与焦虑共舞，不对抗，不强求。
2. 学打太极拳，感受身心合一的专注感。
3. 用太极拳思维看待焦虑，黑白共存。
4. 设立新的小目标，搭建成就感，将失控的生活重新掌握到自己手中。

惶惶不可终日，焦虑对身心的全面侵袭

在当今快节奏、高压力的社会中，焦虑已经成为许多人的通病。我们生活在一个充满竞争和变化的时代，每天都面临着各种各样的挑战和压力。

"明天就要考核了，万一考不过，失业了怎么办？"

"再不结婚，我感觉这辈子就只能打光棍了，还谈什么希望啊。"

这些日常里的工作压力、学业负担、人际关系、家庭问题等，都可能成为压倒我们的最后一根稻草。

焦虑是一只笼中之鸟，让身心无法自由

李臣已步入中年却要面临职业转型，他当过老师，但无暇照顾家庭。他又在网上兼职写文案，没日没夜地写，收入也难以维持家里的房贷车贷。他还开过网约车，跑过外卖。一路下来，他身心疲惫，也没有找到一条长久的职业道路，于是他开始掉头发，失眠，嘴唇发紫，食欲不振，有时常感觉眼前一黑，浑身无力，满身冷汗。

倍倍妈是全职主妇，陪倍倍一直学习各种特长，倍倍去参加省里钢琴比赛，她希望倍倍能够得到最好的照顾和良好的状态，就每天看各种钢琴比赛视频，以至于手机里一收到关于赛制和赛事的信息，她就手抖，总怕错过什么关键信息，影响孩子比赛，于是，她开始半夜睡不着，总是看手机，做梦都是比赛倍倍忘记拿谱，衣服不符合规范等等这样的场景，把她自己搞得心力交瘁。

这些现象会让人想到心理学上有一个著名的野马效应。讲的是非洲草原上，有一种蝙蝠专门趴在野马的屁股上吸血。被蝙蝠吸血的野马会变得更加暴躁和难以控制，最终会因为狂奔而死亡。但实际上，蝙蝠的吸血量很少，并不会导致野马死亡，野马的死亡是由于它们对蝙蝠的过度反应。

从心理学的角度来看，这些焦虑现象的产生，主要是由于大脑对潜在威胁的过度反应，情绪压力加大了对人身心的全面侵袭。当感到焦虑时，大脑会释放大量的应激激素，如肾上腺素和皮质醇，这些激素会导致身体进入"战斗"或"逃跑"的状态。

长期处于这种状态下，会导致身体和心理的疲劳，进而影响我们的健康和生活质量。

焦虑就像一只无形的大手，紧紧抓住你，让你无法呼吸，无法思考，无法入眠。它会让你的身体变得虚弱，让你的情绪变得低落，让你的生活变得一团糟。但是，别担心，只要你学会放松，学会面对，学会寻找解决问题的方法，你就能够摆脱焦虑的困扰，重新找回那个快乐、自信、充满活力的自己！

首先，不想明天。不用质疑，好好享受今天，明天的事明天再说，今天让自己享受美食，感受味蕾的快乐和满足，通过当下的幸福感让大脑也放松一下，懂得适度享受当下的生活，每一天都不要绷得很紧，这样才能够令人的生活平顺一些。

其次，运用艺术疗法，寻求思想和身体在一起的短暂时光。比如绘画，拿起画笔只关注你想画的风景，笔下的生物，眼睛看到的生命的光，还有大脑投射到身体里的信号，在艺术的疗愈里先成全完整的自己。

最后，时钟疗法，即时喊停。固定好你休息的时间，让自己的大脑暂时不工作，制定好喝水和放空的时间，让大肠菌群也和大脑一起休息，不持续高强度思维，维持良好的身心的代谢。

画重点

1. 不惧未来，不忧明天。

2. 热爱美食，享受当下的快乐，让大脑也甜蜜一下。

3. 通过艺术疗法，专注于自我的当下，免受干扰。

4. 把自己的时间分段，固定休息的时间。

5. 通过放松，保持身心良好的代谢和放空，以焕发新的力量。

内外影响，心理和生理如何相互博弈

当人们感到焦虑时，身体会先发出警报。会心跳加速，就像打鼓一样；呼吸也会变得急促，好像要喘不过气来；手心可能会出汗，感觉湿漉漉的。这些突发的常见反应，其实是在告诉你："嘿，注意啦！有情况！"

"压力大的时候，整个人都感觉不好，好像胸口被压得透不过气来。"

"不只是脑子像要炸了一样，浑身还无力！"

"热锅上的蚂蚁形容得特真实，全身都在颤抖，脑子也关机了。"

焦虑来临时，就像是一场身体和心灵的"大战"。如果一直处于这样的情绪状态，身体的警报就会一直响个不停，心理上也会受到影响。可能会开始胡思乱想，担心这担心那，思维变得混乱。心情也可能会变得急躁、易怒或者抑郁，就像天气突然转阴一样。

反过来，心理的焦躁不安也会影响身体。当心里一直担心、紧张某个人或事的时候，身体也会跟着紧张起来，肌肉可能会紧绷，肩膀会发酸，头痛也可能会来凑热闹。

身体和心灵，在焦虑问题上相互影响

小鱼要结婚了，找了一个同城的上班族。在筹备婚礼期间，见了许多的亲戚。大家的问题都很相似，担忧也不尽相同。会问对方家给了多少彩礼，房子有没有贷款，贷款谁来还？什么时候要孩子，谁给看孩子。小鱼本来没想这么多的，所以这些问题她都答不出来，看着亲属们唉声叹气的样子，就好像婚姻以后没有丝毫希望一样。她嘴上没说什么，心里却也对这些问题开始担忧，回去就不停打嗝，恶心，吃不下饭。原来觉得好看的婚纱现在也没有了兴趣，连头饰都让随便选的，整个婚礼过程都无精打采。

盛凡也一样，父母催婚催生，刚结完婚不久就催生，妻子觉得当下不具备生孩子的条件，这使得盛凡两边都备受压力。

焦虑中生理和心理是相互影响的，谁也离不开谁。不管是身体紧绷、肌肉紧张这样的生理反应，还是消化不良、胃痛等等，都要关注心理上的情绪反应，当烦躁不安和消极低落的状态持续时间较长时，就会产生自我怀疑和自卑感，要多加关注。

在心理学领域，焦虑不仅受到内部因素（如个人性格、遗传基因等）的影响，还受到外部因素（如生活事件、社会环境等）的影响。研究发现，社交焦虑会导致一个人患抑郁症的风险增加 1.49 ~ 1.85 倍。在不可避免的社会环境中，生理和心理共同影响着焦虑的产生和发展。

焦虑有加减键，需要生理和心理共同去保护

焦虑对身心健康的影响同样不容忽视。过度焦虑会使我们的注意力难以集中，影响工作和学习效率。长期的焦虑还可能导致患上抑郁症、社交恐惧症等心理疾病。此外，焦虑还会影响人际关系，使我们变得易怒、烦躁，难以与他人建立良好的沟通和互动。

为了减轻焦虑对身心健康的影响，我们可以采取一些积极的应对策略。

首先，"正念"练习。让积极的思想成为生活的常态，常看积极的书，乐观的视频，在情绪上保持快乐，对生活保持乐观的态度。

其次，动起来，进行流汗疗法。很多时候，关于调理身心健康的方法都是让人安静下来，但是，如果心情烦躁无法安宁下来，就可以动起来，出出汗，令身体拥有释放感，再去回归安宁。

最后，芳香疗法。这种方法不仅适用于女性，也同样适用于男性。可以进行家庭香薰，比如薰衣草、檀香、洋甘菊等香油都能够帮助人们平缓情绪、协助睡眠、镇静等。

画重点

1. "正念"的练习，保持积极乐观的生活态度。

2. 流汗运动，释放压抑的负面情绪，清理能量磁场。

3. 芳香疗法，协助身心恢复镇静、平和。

第四章

认知觉醒：改变焦虑的思维模式

焦虑，如同一股无形的力量，时常侵蚀着人的内心，令人在困境中难以自拔。然而，认知重构却为人们提供了一个全新的视角，帮助人们改变焦虑的思维模式，重获内心的宁静与力量。

　　认知觉醒并非一蹴而就的过程，它需要不断地实践、探索。然而，只要勇敢地迈出第一步，用新的视角去审视世界，用新的思维去应对焦虑，便能够逐渐摆脱焦虑的束缚。

情绪骗子，别让自己陷入思维的陷阱

"有了孩子以后，根本顾不上娘家，每次抱着孩子还拖地，就想哭，觉得对不起我妈。"

"单位又有人升职了，可是我学历太低了，总觉得比人低一等。"

"宝宝要上幼儿园了，很怕他不适应，心里特别难过。"

快节奏的生活中，人们面临各种各样的压力和挑战，常常会让人陷入焦虑。实际上，焦虑就是情绪的骗子，它会欺骗人们的内心，让人们误以为某些事情比实际上更重要、更危险。事实上，只是因为思维固化了，才会有了烦躁的感受。

焦虑思维，令低落情绪无可自拔

小王是一位内向的大学生，他非常害怕参加社交活动。每次参加聚会或活动，他都会感到极度紧张和不安，不是担心自己穿的衣服不合时宜，就是担心自己会说错话或做错事。他为此感到非常沮丧，无法拥有快乐，也无法融入同学们的交往当中，反复循环以后，感觉自己越怕什么，就越发生什么，就这种担惊受怕的情绪让他总是偷偷躲起来哭，严重影响了他的生活，也使他错失了很多与人交流和建立人际关系的机会。

李果是一位全职宝妈，因为在家带孩子，没有时间打扮，当她看到老公每天西装革履去上班，就觉得自己一点价值也没有了，总是感受不快乐，脾气也越来越急躁。

故事里的主人公都受到了焦虑的困扰，而这种焦虑主要源于他们对自己的过度要求和对未来的担忧。从心理学角度来看，他们陷入了"焦虑陷阱"，即把自己的价值和幸福寄托在外部的认可和成就上，忽视了内心的需求。这种焦虑体验不仅会影响生活质量，还会导致身体和心理上的疾病。

焦虑的情绪会影响思维，思维会影响对待事物的看法，于是就会形成一系列的连环反应。只有正视焦虑，才能更好地应对生活中的各种突发事件，阻止情绪长期陷在低落的谷底。

焦虑影响思维，思维影响感受，破局要有方法

当你经常拥有受伤感，情绪会失控，就要注意了，到底是什么原因产生了这样的感受，找到问题的源头，然后再去破解它，才能令生活归到原位。

首先，接受自己的情绪，这是和自己达成和解的第一要领。当感到焦虑时，不要试图去压抑或逃避它，而是要正视它，接受自己的情绪。只有接受自己的情绪，才能更好地理解自己内心的需求和感受，从而更好地应对焦虑。

其次，调理自己的心境。要学会调整自己的心态，修正一些对待事物的看法，理解自己，包容自己的短处，多去关注一些令心情愉悦的事和物。困住自己的永远不是外物，而是脑子里看待事和物的角度。

最后，给自己一些容易完成的小目标。不要过分追求完美和成功，而是要注重内心的成长和自我实现。可以通过学习放松技巧、培养兴趣爱好、参加社交活动等方式来缓解焦虑情绪，定一些容易实现的小目标，拥有满足感和成就感。

焦虑是生活中的一部分，但不能被它主宰。通过合理的方法摆脱焦虑的陷阱，实现自己的梦想和目标。做自己情感上的主人，不让焦虑这个情绪的骗子影响了生活。

画重点

1. 接受自己的情绪，是与自己和解的第一要领。
2. 调理心境，不让外物影响了自己的心情。
3. 先完成一些小目标，拥有满足感。
4. 焦虑的思维是原点，情感愉悦从摆脱焦虑思维开始。

负面预言，把焦虑从解放器中解放出来

你们有没有过这样的经历：在面对一个新的挑战或机会时，内心的那个小声音会不停地说："你肯定做不好！""这肯定会失败！""这事你不行！"这些负面预言就像一只无形的手，紧紧地抓住你的心脏，让你感到焦虑和不安。

其实，负面预言并不是敌人，而是内心的一种保护机制。它试图通过提前预测可能的负面结果，来帮助人们避免潜在的风险和伤害。然而，当负面预言过于强大，就会变成一种束缚，让人们无法自由地追求自己的梦想和目标。

告别"乌鸦嘴"，释放焦虑的枷锁

有时候，焦虑和担忧就像一只"乌鸦嘴"，总是在耳边不停地聒噪，让人们无法享受生活的美好。面对这样的情形，可以选择告别这只"乌鸦嘴"，释放焦虑的枷锁，重拾内心的平静与安宁。同时，可以一起探索有效的方法，摆脱焦虑的困扰，迎接更加自由和快乐的生活，这才是最重要的。

小李是一位年轻的创业者，他拥有一个很棒的商业创意。然而，每当他想要付诸行动时，内心的那个小声音就会说："你没有了足够的经验和资源，这肯定会失败的。"时间久了，他就真的没有了信心，也真的觉得自己会做不好，万一失败了要怎么办。这种负面预言让他感到非常焦虑和不安，以至于他一直无法迈出创业的第一步。

小张是一位学生，他即将参加一场重要的考试。尽管他在平时的学习中表现出色，但内心的那个小声音却不停地说："你肯定会考砸的，你还没有准备好。""你怎么努力都不行，比你优秀的人太多了，你不行。"他越想摆脱这种思想，越是非常紧张，连复习和准备的生物钟都混乱了，这种负面预言让他在考试前感到极度焦虑，甚至影响了他的睡眠和饮食。

小李和小张的情况都是典型的负面预言导致的焦虑。这种焦虑源于他们对未来的担忧和不确定性，以及对自己能力的怀疑和不自信。在心理学上有一种负性自动思维，它是指在特定情境下自动化产生的消极思维，这些思维往往是无意识的、习惯性的，而且常常与负面情绪相关。

这样的负面情绪和思想不仅限制了自我的发展，还会令人陷入挣扎的情境中，使焦虑愈发严重，不仅误事，而且会让人不安。

抛弃负面预言，打开焦虑的"牢笼"

那么，如何才能将焦虑从解放器中解放出来呢？方法有许多。

首先，学习认知行为疗法（CBT）。这是一种常见的心理治疗方法，通过改变负面思维和行为模式来帮助人们应对焦虑和其他心理问题。比如，凡事将优劣势都明确分析出来，然后进行客观理解，再进行判断，反复练习，形成习惯。

其次，进行暴露疗法。这也是一种常见的疗愈方法，逐渐面对你害怕的事情或情境，以帮助你克服恐惧和焦虑。勇敢地将自己的害怕讲出来，或是写出来，然后回听，或者找值得信任的人诉说。

最后，就是暂且抛开烦恼，让身体先运动起来。运动能够产生化学物质，令大脑释放愉悦的元素，拥有放空感，这样当大脑的活跃度变高时，行为上便会有所改变。

负面预言并不可怕，焦虑也不是无法战胜的敌人。只要学会接受不确定性，用积极的思维和行动来取代负面预言，就能够将焦虑解放出来，从而更加自如地实现自己的梦想和目标。

记住，你是自己内心世界的主人，你有能力选择积极的思考方式和行动，让自己的生活充满阳光和希望。

画重点

1. 学习心理疗愈方法，比如认知行为疗法。

2. 运用暴露疗法来疗愈，勇于正视自己的害怕心理。

3. 焦虑时，运动起来，给大脑放个假，再来收拾心情。

4. 释放负面恐惧，做自己内心世界的主人。

消灭"怕怕"，对抗焦虑引发的恐惧

面对工作压力、人际关系问题、健康担忧等，人的情绪可能会变得不稳定，出现心跳加速、呼吸急促、出汗等生理反应，这些都是焦虑和恐惧的表现。

"我怕我写不好，那我就再也不能参加比赛了。"

"万一我瘦不下来，会不会变得比以前更胖？"

"我怕我炒不好，以后就永远当不了厨师了。"

前怕有狼，后怕有虎，这是焦虑引发恐惧的恰当形容词。越是胆怯，越会什么都怕，"怕"了就没有勇气向前，是一面特别可怕的阻碍墙。

让焦虑和恐惧不再是你的绊脚石

绊倒自己的往往不是高山巨石，而是没办法勇敢向前走一步。想得太多的时候，无形的锁就自己锁住了，想向前行走，要能够克服思想上的恐惧，一直怕是无法前行的。

王丽是一位职场人士，在工作中遇到了重大项目的截止日期，她既期待又紧张，每天都在情绪的高低起伏中度过。越是临近收尾的时间，她越是觉得害怕，怕自己文件出错，于是反复检查，怕数据有误，便开始对数据。这些细碎的担心，让她每天愁眉不展，怕这怕那，还总是丢东落西，这让她感到非常焦虑。

张浩是游泳运动员，临近比赛了，他开始加大运动量，但还是觉得自己游得不够快，怕自己无法夺冠，给教练丢脸。越是这样害怕，他越是出错，不是返回时脚抽筋，就是溜号，成绩大不如平时。这样的情况令他有些急躁，甚至出现了腹泻的症状，更是对他比赛前的准备火上浇油。

心理学有个"小白鼠实验"，这个实验表明，当小白鼠处于焦虑和恐惧的状态时，它们的学习和记忆能力会受到影响。这个实验也说明了焦虑和恐惧对个体的认知和行为能力有很大影响。

从心理学的角度来看，王丽和张浩的情况都涉及焦虑和压力的问题。具体来说，他们可能正在经历"考试焦虑"或"表现焦虑"，这是一种在面对重要任务或评估时常见的心理状态。

用心理学家阿尔伯特·艾利斯（Albert Ellis）的理性情绪行为疗法（Rational Emotive Behavior Therapy，REBT）来分析，王丽和张浩的焦虑和担忧可能是基于一些不合理的信念和思维方式。例如，他们可能过分强调任务的重要性和失败的后果，对自己的要求过高，而忽视了自己的能力和经验，所以才产生了焦虑情绪。

跟焦虑和恐惧说拜拜

为了减轻焦虑和提高表现，艾利斯建议人们采用以下策略：

第一，识别和挑战不合理的信念：认识到自己的担忧和恐惧可能是基于不合理的信念，并学会质疑和改变这些信念。

第二，接受不确定性：认识到生活中的很多事情是无法完全控制的，接受不确定性并准备好应对各种可能的结果。

第三，专注于过程而非结果：将注意力集中在任务的执行过程上，而不是过分关注最终的结果。

第四，培养积极的自我对话：用积极的自我对话来取代消极的自我评价，增强自信和自我效能感。

第五，采取行动：通过实际行动来应对焦虑，而不是陷入无休止的担忧和思考中。

通过运用这些策略，王丽和张浩可以更好地应对焦虑和压力，提高自己的表现和心理健康。总的来说，了解和应对焦虑是提高心理健康和生活质量的重要方面。通过认识不合理的信念和思维方式，并采取积极的应对策略，可以让我们更好地应对生活中的挑战和压力。

画重点

1. 识别不合理的观点，重构自我的价值观。

2. 接受不确定性。

3. 不过分关注结果。

4. 用积极代替消极来对待自己。

5. 少想多动。

翻转模式，正面思维释放焦虑束缚

你有没有在遇到困难时，不停地想："完了，我肯定搞不定。"或者在面对不确定性时，心里一直担心："万一出了什么差错怎么办？"这些消极的想法就像一条条绳子，把人紧紧地绑住，让人们感到焦虑不安。

大家都知道，焦虑就像一只讨厌的蚊子，总是在人耳边嗡嗡叫，让人心神不宁。但是，别担心！可以通过翻转思维模式，用正面思维来释放焦虑的束缚，让的生活变得更加轻松自在。

就像走路一样，可以选择低着头，只看到脚下的石头，或者可以抬起头，欣赏美丽的风景。正面思维就是那个让人抬起头的力量，它能让人看到更多的可能性和机会。

换个角度看待焦虑，世界终将美好

生活中难免会有焦虑的时候。但是你知道吗？换个角度看待焦虑，世界终将美好！就像太阳每天都会升起一样，困难总是短暂的，而美好的未来在等待着我们。让我们一起用积极的心态面对焦虑，发现生活中的小美好！

李玲是一位公众演讲教练。有一次她代表公司去为一些知名企业家做演讲培训，因为这些人都是有着一定社会地位的人，这次的表现直接决定着接下来几年的工作任务。大家纷纷表示羡慕她，但她却觉得自己顶了一座大山，每天都不快乐，有点儿喘不上气来。她觉得一旦自己有差池，就相当于砸了大家的饭碗，那日子就不会好过了，甚至想到自己可能会因此失业。但换个角度来讲，这也是一次扬名的机会，不是每个人都能有这样的机遇，所以压力转换成了动力。

小乔要参加电视台的好声音选拔赛，因为要面对镜头，她总是担心自己的衣服不平整，担心唱歌的时候跑调儿，比赛之前特别紧张，心里甚至想到万一自己出丑就丑到全省人民那里去了，以后学都不用上了。但看着那成群的观众，她转念一想，如果自己表现出色，那这将是自己非常难得的一次登台经历。

上面两个案例中的情况，相信在大家的生活中也出现过类似的情况吧。原本是负能量满满的一种状态，但是，只要你能够换到对立的角度来看待人或事，就会呈现出完全不同的一种心情状态。

心理学上有一种反转思维（Reversal Thinking）：这是一种认知策略，通过将注意力从负面的想法转移到积极的想法上，从而减轻焦虑。

例如，当一个人感到焦虑时，可以尝试想一些积极的事情或回忆一些愉快的经历。这能非常有效地缓解焦虑，也是调整大脑思维非常奏效的一个过程。

极速翻转思维，让积极的状态保持上风

将思维翻转过来，就像是在玩一场奇妙的反转游戏！当遇到焦虑和困扰时，不要被消极的想法困住，而是尝试换一个角度看待问题。就像把一个拼图倒过来，你会发现原本看似混乱的碎片瞬间变得有序起来。

翻转思维并不意味着忽视问题或逃避现实，而是一种积极的应对方式。它帮助人从不同的角度思考，开拓新的可能性，并找到解决问题的创新方法。

首先，改变对压力的看法：将压力视为挑战而不是威胁，相信自已有能力应对它。反过来看问题，就会发现它很有趣，以遇到新机遇的方式对待它，一切就变得没有那么艰难和痛苦，而是充满乐趣和新鲜感。

其次，专注于解决问题：将注意力集中在解决问题上，而不是被问题所困扰。就是少想多做，一旦问题卡住了，就去不断尝试，不用担心试错成本，不断去做，在进行中找方法，勇于面对不可预知的一切。

最后，保持平衡：保持工作和生活的平衡，确保有足够的时间来休息和放松。要让人松弛下来，才有重启的动力。热爱工作，但是保持拥有自己的生活，在奋斗中不失自我。

这样的方法就像一位艺术家将一幅画翻转过来，你会看到之前未曾发现的美丽细节和构图。通过翻转思维，能够打破常规，挑战自我，并发现隐藏在困境中的机会。它让人从被动变为主动，从受害者变为创造者。

所以，当你感到焦虑和困惑时，不妨尝试一下翻转思维，你会发现一个全新的世界等待着你去探索！

画重点

1. 改变对压力的看法，化压力为动力。
2. 专注于解决问题，遇到困境多尝试少苦思。
3. 追求平衡，热爱工作但也保持自我。
4. 反向思维不是逃避，而是正面迎接焦虑。

重塑现实，你担心的很多事都不会发生

有这样一个故事，小镇上，生活着一个总是忧心忡忡的年轻人，名叫林风。林风总是担心各种事情，担心工作失误、担心健康出问题、担心人际关系紧张。他的生活被担忧的阴影笼罩，失去了应有的色彩。

有一天，林风在小镇的图书馆里发现了一本古老的书，书中提到，人的内心有着强大的力量，能够重塑现实，将担忧转化为积极的能量。林风怀着好奇和一丝希望，开始按照书中的方法练习。

后来，他学会了关注自己的呼吸，让自己内心平静；学会了用正面思考去替代消极担忧；也学会了用行动解决问题，而不是一直内耗。渐渐地，林风发现，他所担心的很多事都没有发生，生活也变得轻松和愉快。

林风的故事在小镇里传开了，人们开始尝试用积极的心态去面对生活，人们逐渐领悟，当自己不再被担忧束缚时，生活变得更加美好。而林风也明白了，真正的力量，不在于过度担心，而在于用积极的心态去重塑现实。

别担心，那些"坏事"在气场前就是垃圾

受社会和文化的影响，人们对一些事情常怀有过高期望，或是对自己过低预期。很难用更理性和客观的角度，来看待自己和周围的世界。

小明是一个高中生，他非常担心自己在高考中失利，无法考上理想的大学。他每天都拼命地学习，甚至牺牲了自己的休息时间和娱乐活动。即使这样，他也觉得自己学过的知识很容易忘记，有种事倍功半的感受。然而，当高考成绩出来时，他却发现自己超常发挥，考上了一所比自己预期更好的大学。

小芳是一个单身女孩，她非常担心自己永远找不到真爱，孤独终老。她参加了各种相亲活动，试图寻找自己的另一半，但是一直没有结果，她灰心丧气，觉得自己可能真的没有合适的姻缘。然而，当她放弃了这种刻意地追求时，她却在一次偶然的机会中遇到了一个非常合适的人，并且开始了一段美好的恋情。

生活中这类的小事很多，也会让人惊奇地发现，你所担心的很多事情都不会发生。这是因为大脑经常会放大一些负面的可能性，而忽略一些正面的可能性。心理学上有一种说法叫心理弹性（Psychological Resilience）：这是指个体在面对压力和挫折时的适应能力。通过培养心理弹性，人们可以更好地应对焦虑和其他负面情绪。一些研究表明，心理弹性可以通过认知重构、情绪调节和积极应对等策略来培养。

当你意识到原来好气场是需要培养的，便可以重塑现实。你可以用积极的思维来替代消极的思维，用行动来替代担忧，用信心来替代怀疑。选择关注能够控制和改变的事情，不关注变化无常的事情。可以选择享受当下的美好和快乐，不被未来的不确定而困扰。可以选择相信自己和他人，而不是只有怀疑这一种可能。

不再担心时，好事自然发生

当你试着减少担心的习惯，运用以下方法和步骤，提升心理弹性，减轻焦虑情绪。

第一，重新框定思维方式

当你感到焦虑时，试着重新框定思维方式。问自己："这个情况真的像我想的那么糟糕吗？""有什么积极的方面可以解决？"通过重新审视和调整思维模式，找到更积极的角度理解问题，从而减少焦虑的影响。

第二，培养弹性思维

培养灵活的思维方式，学会在变化和挑战中找到机遇。面对挫折时，尝试从中寻找学习和成长的机会，而不是仅看到负面。弹性思维能够帮助你在困境中依然保持乐观，继续前行。

第三，练习接纳

接纳现实并不是认输，而是理解有些事情是我们无法控制的。练习接纳那些你无法改变的因素，将精力放在你能掌控的方面。接纳不确定性可以减轻你对未来的恐惧，让你在面对变化时更加从容。

第四，主动链接行动

行动是减轻焦虑的有效方法。面对压力时，立即采取小步行动，而不是被困在无尽的担忧中。行动不仅能带来具体的成果，还能让你感觉更加主动和掌控。比如，面对一个令你焦虑的任务，立即开始做些小准备工作，可以缓解焦虑情绪。

当一个人不再被担忧束缚，好事自然会发生。

画重点

1.积极应对挑战：用正面的思维面对问题，相信自己有能力解决困难。

2.关注当下：享受生活中的美好时刻，不为未来的不确定性而烦恼。

3.培养心理弹性：通过认知重构和情绪调节，提高面对压力和挫折的适应能力。

4.行动胜于担忧：用实际行动解决问题，而不是一味地担忧。

第五章

不纠结：停止你的内在战争

你是否有这样的时候，觉得自己就是失败者，干啥都干不好：工作很认真却总被老板否定；每次恋爱开头都是好的，后面就被分手；一到提职提级的时候，领导就会找各种理由说你不合适……

　　就算不在现场，都能感受到这压力，让人喘不上气来。越是这种时候，越不能任由这些情绪加码，否则只会让你自己越来越难受，陷入沉重的低落深渊。要做的，是面对这些困境时不纠结，和困境达成和解。当你选到合适的方法，低谷期就不会那么痛不欲生了。

深呼吸大法，平静你的焦虑之风

面对社会环境人人都喊压力大的时候，你是一直让负担越来越重，还是选择学习一些新的方法来调整情绪，然后，能够拥有满满能量的一天，时刻准备重启生活。

"又要交物业费，又要交车保险……

"妈生病了，媳妇又怀孕，单位又要裁员。"

"孩子发烧了，我的车子又把别人车刮到了，还能再倒霉点儿吗？"

生活就是这样，屋漏却偏逢连夜雨，很多事情容易往一起聚集，就像上面的一些场景一样，本就都是难解决的事情，叠加在一起了，就变得难上加难。

万能的"深呼吸大法"，能随时随地让焦虑情绪减弱

面对纷繁复杂的情绪压力，该如何保持冷静呢？给大家介绍一种简单而有效的方法——深呼吸。深呼吸是一种非常有效的缓解焦虑的方法。当感到焦虑时，呼吸往往会变得急促和不规律，这会导致身体更加紧张。通过深呼吸，可以让身体和心理得到放松，从而缓解焦虑情绪。

张晓毕业参加面试，他发现很多人都会感到紧张，有来回走的，一直如厕的，什么样的人都有，他自己也是坐立不安，总觉得自己鞋带开了，便不断弯腰看鞋带。这时，他看到有一个人一直气定神闲地

坐着，原来他一直在重复一个动作，深呼吸张晓也学了起来，做了两三个深呼吸之后就没有再关注自己的鞋带了，而是头脑清醒，开始准备有可能应试的题目。

非非参加教师资格证面试，大家都在背着题，整理衣服。非非第一次参加这样的面试，她非常渴望证书能够顺利下发，越是怕出问题，就越出问题，她开始心跳加快、手抖，她马上找了一个安静的地方坐下来，闭上眼睛，慢慢地深吸气，让空气充满自己的肺部，然后慢慢地呼气，当再睁开眼睛时就觉得自己好多了。这样做几次深呼吸后，非非发现自己的紧张情绪得到了很大的缓解。

深呼吸几乎是一个缓解焦虑的"万能大法"，如果一次呼一次吸不能够让自己平静下来，那就再来一次。这种方法没有很复杂，也不受环境限制，不依赖其他工具就能够完成。况且，这种能够随时随地就减弱焦虑情绪的方法，实用且有效，不如多去实践一下吧。

深呼吸是一种基本的生理反应，但它也可以成为一种强大的心理工具。当感到焦虑时，呼吸往往变得急促而不规律，这会导致身体更加紧张。

通过有意识地进行深呼吸练习，可以打破这种恶性循环，让身体和心理得到放松。深呼吸不仅可以在焦虑时使用，也可以在日常生活中经常练习。

首先，在不同时间段养成深呼吸的习惯。比如早上起床后、工作间隙、睡觉前，在这些时间点，先做几个深呼吸。清晨，不管前一晚睡得怎样，有意识地做这种深呼吸。睡前也是一样的，在深呼吸练习后，能够令自己身体松软下来，帮助自己睡个好觉。

工作间隙是更加重要的时间节点，当感到疲劳或是稍有压力时，如果条件允许，也可以面对空旷的地点，看向远处，然后眼睛微闭，做几次深呼吸，为自己积攒能量。

其次，做运动时深呼吸。比如瑜伽和八段锦，都是典型的运用深呼吸来让身体放松的运动，长期保持练习，不仅能够让身体柔软下来，还能让心灵更加平和。特别是这样的运动，当你深呼吸时，身体的能量流动起来，整个人将会更加专注于自己的感受，是能够保持身心合一的练习方法。

最后，练习深呼吸之后给自己一些小奖励。平时情绪紧张时，做了深呼吸练习之后，就给自己一些小奖励，比如爱吃的食物，或者去自己想去的地方，哪怕是奖励一张小贴纸给自己。

总之，深呼吸是一种简单而有效的方法，可以帮助你破解焦虑，找回内心的平静和安宁。无论你身处何地，无论你面临何种压力，只要记得深呼吸，就可以让自己的身心得到放松，达成身心与焦虑的和解。

画重点

1. 在不同的时间养成深呼吸的习惯。

2. 具体方法：身体站定—双肩下沉—闭上双眼—慢慢深呼吸。

3. 养成随时随地都能让自己通过深呼吸来平衡情绪的动作习惯。

4. 做瑜伽和八段锦，感受深呼吸中的身心合一。

5. 练习深呼吸之后给自己一些小奖励，获得满足感。

放松游戏，释放身心压力的小技巧

一个人肌肉处于比较放松、柔软状态的时候，心率平稳，且呼吸均匀。而在焦虑状态下则心跳加快，呼吸急促，血压等生理性的指标，和焦虑状态时的数值相对比，会令人看到明显相反的检测结果。这样一个现象可以说明，人在肌肉很松弛的时候，可以使心理与生理都处于一种和谐的放松状态，但是当焦虑发生时，身体的状况就会非常不稳定。

运用放松游戏，缓解焦虑情绪

当你紧张时，困扰情绪让你毫无办法。当你放松时，焦虑情绪也会得到缓解。所以，在克服焦虑的路上，令自己放松下来是一个很好的方法。其中一些简单易行的放松小游戏就非常有效，可以大胆试用。

安安是个性格内向的人，在就读大学期间讲话很少，所以在班级年会表演前，她异常不安。但她有一个小方法，她有一个随身携带的画画本，每一次她感到很无措，或是紧张到手脚发抖时就给自己的画本涂色。每涂一个画面，她的心绪就平静了许多，手也不会太抖了，出汗的症状也会减轻很多。她的这个习惯保持了很多年，每一次都能让她很恰当地放松下来，然后再去应对所有事情。

阳仔是一名猎头，每天工作都很忙碌，经常下班后也会需要在线上处理很多工作的问题。经常有面试者会和她表述自己的担忧和疑虑，她每一次都能帮助对方解决，或是给鼓励，但这也让她休息不足，十分疲惫。为了保持更好的状态，她有一个好用的方法，她喜欢打游戏，在上下班地铁上，或是如厕的时间，她只要有忧伤的情绪，就开一把游戏玩一玩儿，每一次打完游戏，她都觉得瞬间的放松让自己满血复活。

心理学上有一种情绪调节（Emotion Regulation）的方法，是指个体对自己情绪的感知、理解和管理的能力。它包括了一系列的心理和生理过程，旨在帮助个体更好地适应环境、应对压力和保持心理健康。上面的案例中的安安和阳仔就是运用了这样的管理情绪的方法，从而缓解了自己的焦虑症状。

生活中全是鸡毛蒜皮的小事，一不小心就会陷入焦虑当中。能够找到自己有效的放松小游戏的方法，只要是适合自己的，就可以让自己去暂时放松一下，只要能让自己忧虑的情绪得到缓解，再次开启能量，快乐的生活，这也是一种防止焦虑情绪严重的好方法。

掌握小技巧，释放身心压力

可以运用放松游戏和小技巧，缓解焦虑情绪，释放身心压力，迎接更加健康、快乐的生活！

首先，学会适当地玩乐。拥有适当的及时行乐的能力，不让自己一直处于紧绷状态，适时享受一下吃喝玩乐给自己带来的愉悦的感受，从而让焦虑先在自己的生活中暂停下来。这是一个给自己积蓄能量的过程。

其次，凡事不要太用力，拥有差不多心态。不必把所有的事情都做到最好，太过于追求结果反而会让过程过于紧张，更加容易出差错。以顺应自然的态度来面对人和事，紧急的事情就可以在有条不紊中达成。

最后，恰当运用注意力转移法。这是很常用，也很容易达成的一种方法，当自己感受到此事已经让自己马上要爆发脾气，或产生想摔东西的想法时，采用注意力转移法，去做一些分散思维的事，喝杯水、看看风景、找人聊聊天、和宠物玩儿一会儿，都可以，暂时把焦虑的状态转移到其他事物上，也可以起到很好的疗愈作用。

画重点

1. 吃喝玩乐也是代谢焦虑的一种方式。
2. 拥有差不多心态，凡事不要太用力，顺其自然地去达成结果。
3. 恰当运用注意力转移法。
4. 找到疗愈自己的环境。

紧急救援包，危急时刻的应对策略

在生活中，你永远无法预测意外和危机何时会降临。无论是自然灾害、突发疾病还是其他紧急情况，有一个预先准备好的救援措施和明确的应急计划可以帮助你增加更多机会，并在危急时刻保持冷静和理智。焦虑也一样，它经常猝不及防地造访到你。

"突然要竞聘岗位，一点准备都没有，可怎么办呀？"

"临时要加一场辩论赛，一点都没准备，这可如何是好？"

"驾照笔试考试提前了三天，可是我题还没有做完呢，肯定考不过了。"

面对这些突如其来的变化，总令人急得像是热锅上的蚂蚁，愁眉不展，这样的情况来袭特别容易令人产生焦虑。

焦虑应对策略：危急时刻保持冷静是关键

危机来临时，不安情绪表现明显，此时，保持冷静是克服焦虑、让人做出明智决策的关键。

张经理在一次重要的项目汇报中，电脑突然出现故障，导致演示无法进行。面对这种突发情况，张经理感到非常焦虑，坐立不安，拿鼠标的手都在抖，文件也因为他的紧张被碰落，散了一地，在这种一片狼藉的情境中，他深呼吸后，通过冷静分析，迅速采取了应急措施。他向听众道歉，并使用备用设备继续演示。最终，他成功地完成了汇报，项目也得到了顺利推进。

一位患者本来是去查血糖的，因为头晕去拍了一个核磁，结果被诊断出患有严重肿瘤，需要立即进行手术。面对这一突如其来的消息，患者和家属都感到十分慌张，拿着化验单反复找医生确认，大家都陷入极度焦虑和恐惧中。互相对视，却不知道怎么办，然而，他们通过与医生的沟通和心理辅导，逐渐学会了接受现实，并积极配合治疗。最终，患者成功战胜病魔，恢复健康。

心理治疗方法中有一种叫作认知行为疗法。它包括一些接纳技巧，如接受自己的情绪、思想和身体感觉，而不是试图对抗或消除它们。这些技巧可以帮助个体更好地管理负面情绪和应对压力。在常见的突发性易引起焦虑的事件当中，快速应对焦虑的策略有许多种，但是接纳是第一步，这能够帮助你在危机时刻保持冷静，化焦虑为力量。在危机时刻保持冷静是至关重要的。通过采取适当的焦虑应对策略，可以更好地控制自己的情绪，做出明智的决策，并提高生存的概率。

焦虑的应急计划：未雨绸缪

谁都无法阻挡说来就来的焦虑事件和情绪，为了更好地应对这样的紧急情况，拥有未雨绸缪的思想就显得更加重要。所以，提前将储备好的小方法快速运用起来，就能够令生活更加合自己的心意，也能够增加生活中感受小确幸的时光。

首先，制定紧急清单：清单里包括在面对焦虑时可以迅速采取的行动，比如散步、听音乐、与朋友聊天等。这个清单可以帮助你在焦虑情绪上升时迅速找到应对方法。

其次，进行积极的自我对话：用鼓励和支持的话语来对抗焦虑时的消极想法。例如，对自己说："我可以处理这个""这只是暂时的”等。

最后，拆分任务：将大型或复杂的任务分解成更小、更易于管理的小任务。这样做可以减轻焦虑，因为你可以更清晰地看到每个小任务的完成进度。

通过制订这样的应急计划，你可以更好地应对焦虑，保持内心的平静和稳定。记住，未雨绸缪，提前做好准备，当焦虑来临时，才有更多的工具和策略来应对它。

画重点

1. 制定紧急清单。

2. 进行积极的自我对话。

3. 拆分任务，分步骤完成进度。

运动是解决焦虑的神奇力量

古希腊哲学家亚里士多德曾说:"运动有诸多益处,它能陶冶性情,愉悦精神,并对身体健康大有裨益。"运动,这一看似简单的日常活动,实则蕴含着解决焦虑的神奇力量。它不仅能锻炼身体,更能塑造心灵,在挥洒汗水的同时,释放出内心的压抑与不安。

篮球巨星科比·布莱恩特,在职业生涯初期曾饱受焦虑症困扰,但他通过坚持不懈的篮球训练,不仅提升了球技,更在运动中找到了内心的平静与自信。他曾说:"篮球是我生命的一部分,它让我忘记烦恼,找到自我。"

在快节奏的现代生活中,或许无法避免焦虑的侵扰,但只要愿意迈开脚步,投入运动的怀抱,那份从内而外的宁静与力量,便会悄然降临。

用运动的方式,去拥抱焦虑吧,去释放压力吧,去体验那份由内而外的神奇力量吧!就像打开了一瓶快乐药水,让你的烦恼和焦虑都通通消失不见!所以,别再坐在那里愁眉苦脸了,赶快穿上你的运动鞋,动起来,释放心情,拥抱健康!

从内到外,运动都能缓解焦虑和压力

运动不仅能锻炼身体,还能缓解焦虑。无论是什么运动,都能让人们从内到外释放压力,重拾内心的平静。通过运动的方式缓解焦虑和压力之后,便能够迎接更健康、更快乐的生活!

小张是一位忙碌的职场人士，每天面对繁重的工作任务和紧张的工作环境，让他感到焦虑不安，开始出现睡眠问题，也有耳鸣的情况发生。后来他开始参加慢跑，每天早晨都会去公园跑步。在跑步的过程中，他感受到了身体的放松和内心的平静，焦虑情绪也得到了有效的缓解。一路坚持下来，他不仅状态变佳，而且人也精神了许多。

王多多是一位家庭主妇，每天都要面对家庭琐事和孩子的教育问题，这让她感到焦虑和不安。后来她开始学习瑜伽，并每天坚持练习。通过瑜伽的呼吸练习和体式练习，她学会了控制自己的情绪和放松身心，焦虑情绪也得到了明显的缓解。

最新的研究表明，焦虑可能是由大脑某个区域内的新生神经元不足导致的。这就意味着焦虑有的时候并不是社会性的问题，或是大脑的思想层面的问题，而只是一种生理的需求。这就可以通过运动来刺激新生神经元，从而缓解焦虑。

运动就是这样，拥有着令人着迷的功效，它可以促进身体分泌内啡肽、多巴胺等神经递质，这些化学物质可以帮助人们缓解焦虑、抑郁等负面情绪，同时也可以增强自信心和幸福感。此外，运动还可以促进血液循环和新陈代谢，增强身体的免疫力和抗疲劳能力，从而提高身体和心理的健康水平。

由表及里，运动能消除焦虑的困扰

无论是跑步、游泳、瑜伽还是其他形式的运动，它们都能够帮助人们转移注意力，减少对焦虑的关注，同时增强自信和控制感。

首先，找到适合你的运动方式，如果具备条件去跑步就去，如果想到健身房去跟着教练训练，就去流汗锻炼。总之，适合自己的就是最好的，不管是哪一种运动。

其次，多参加户外运动。运动的方式有很多，走出去，到户外去呼吸一下新鲜空气，会让人的大脑更好地运作，这是一种很有效地消除焦虑的方式，可以多尝试。

最后，坚持有氧运动。可以根据自己的喜好和身体状况选择适合自己的有氧运动，坚持下去，让运动成为一种习惯，也让扫除焦虑成为一种习惯。

通过坚持运动，可以培养积极的生活习惯，提高心理健康，从而更好地应对焦虑和压力。所以，积极参与运动，让身体和心灵都受益。

画重点

1.去运动吧，游泳、打球、跑步都可以。

2.多去户外呼吸新鲜空气，环境的改变加上运动，焦虑一扫而空。

3.坚持有氧运动，让运动成为一种习惯。

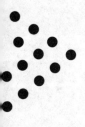

第六章

不畏惧：从"社恐"到"社牛"

著名心理学家威利·詹姆斯说"人类天性中，最深层的本性就是渴望得到别人的重视。"这句话道出了每个人内心深处的渴望，很多人都想成为备受关注、备受重视的人，但是，现实中的社交却常常让人感到恐惧和困惑。

　　有些人害怕主动与人交往，害怕被拒绝，害怕自己的表现不够好。其实，克服恐惧并不是一件难事，只要你勇敢地迈出第一步，就会发现社交并没有你想象的那么难。就像学习游泳一样，刚开始可能会有些不适应，但是只要你坚持下去，就会游得越来越好。

　　而且，社交也是一种非常有趣和有意义的经历。通过与不同的人交往，可以开阔自己的视野，学习到更多的知识和技能，还可以结交到更多志同道合的朋友。所以，不要害怕社交，不要害怕被拒绝，相信自己，勇敢地走出去，你会发现一个全新的世界在等待着你！

聊天大作战，拒绝只是一个小插曲

在日常生活中，常常会遇到各种各样的社交场合，有时候你会因为各种原因而拒绝别人的邀请或请求。对于某些人来说，拒绝可能是一件较为困难的事情，他们害怕伤害别人的感情，或者担心自己会被别人误解。不过，拒绝只是一个小插曲，不必为此感到过于担心或焦虑。学习一些有效的沟通技巧和方法，可以更加自信地表达自己的意见和想法，同时也能够更好地理解别人的需求和感受。

社交小挑战，要勇敢踏出第一步

社交是日常生活中不可或缺的一部分，但对于一些人来说，与他人交流可能会带来不安和焦虑。如果你也有这样的困扰，不妨尝试一些社交小挑战，勇敢地踏出第一步。

单身的小李在早餐店经常遇到一个女生，觉得很有眼缘，他想过去说句话认识一下，但是又怕被拒绝就放弃了。后来，他在快递站再次看到女孩抱了很多快递，就过去帮忙，并把女孩送到电梯口时，女孩表示感谢。他看出女孩对他也是有好感的，心里犹豫了很久想要女孩的联系方式，但由于怯懦最终还是放弃了。

芳子阿姨是位高龄老人，她对于去商店购物或前往银行办理业务感到特别恐惧。由于年岁已高，她不擅长使用微信支付或出示付款码。某次，她向一名工作人员求助时，对方没有听清楚她的问题，随即忙于处理其他事务。芳子阿姨有了被忽视的感觉，周围排队的人也显得不耐烦，认为她既然不会操作就应当提前学习，以免浪费大家的时间。这些经历逐渐使她不愿与陌生人交流，担心如果她提出问题，可能会因为对方听不清或是对她的年纪持偏见而得不到回应。她也不确定如何处理突发状况。因此，出于这些顾虑，她尽可能避免一个人外出。

小李和芳子阿姨虽然遇到的情况不同，但是最初都是因为特别害怕遭到拒绝。无论是主动和陌生人打招呼，参加社交活动，还是在公共场合发表自己的观点，每一次挑战都是一次成长的机会。通过这些小挑战，我们可以逐渐克服内心的恐惧，提升自己的社交能力，发现与人交流的乐趣。

从心理学的角度来看，社交恐惧是一种常见的心理障碍，它会影响到人们的生活和工作。对于一些人来说，拒绝别人的邀请或请求可能是一种自我保护的机制，他们害怕自己会受到伤害或失望。但是，过度拒绝也会导致孤独和隔离，从而影响身心健康。

拒绝并不是什么大问题，没有必要因此感到过分担忧或焦虑。可以通过学习有效的沟通技巧和方法，提高自己在表达意见和想法时的自信，同时也能更好地理解和感受他人的需求。不要害怕失败或被拒绝，因为每一次尝试都是一种进步。与他人建立联系，分享彼此的故事和经历，你会发现社交并不是一件难事，而是一种丰富人生的方式。

所以，勇敢地踏出第一步吧！迎接社交小挑战，释放自己的潜能，让社交成为你生活中的一部分，享受其中的美好和乐趣。

交流无界限，跨越恐惧的藩篱

首先，接受自己害怕被拒绝的心理。被拒绝是很正常的，不用过度担心，一次被拒绝的原因很复杂，并不一定是因为你自身的原因。也不要把被拒绝的所有责任都归罪于自己，从而不敢开口交流。

其次，学习一些聊天和交流的技巧，从对方感兴趣的话题聊起。现在的网络很发达，可以通过短视频或是书籍来学习一些高情商的聊天方法，也可以通过写逐字稿的方式来进行聊天前的练习。

最后，用角色扮演的方式刻意练习。可以自己对着镜子进行角色扮演的练习，也可以找信任的亲人或朋友去练习，总之要迈出交流的第一步。

画重点

1.接受自己怕被拒绝的心理。

2.适当学习一些技巧是有必要的。

3.找对方感兴趣的话题聊起。

4.写逐字稿，然后进行刻意练习。

5.勇敢迈出聊天的第一步，多说多练。

职场霸主，与领导面对面，别害怕

职场社交是一个普遍存在的挑战，无论年纪大小。通常，那些敢于交流和善于社交的人往往能够更容易获取职场资源。然而，许多人在面对领导时会感到紧张，由于缺乏勇气进行恰当的交流和表达，他们往往会错失许多机遇。要想改变这种局面，关键在于不断增强自己的勇气，这样才能避免在职场中处于被动状态。

对领导权威感的惧怕，来自你的担忧

也许你周围有人上班时刻意避免和领导同乘电梯，走路时总是远离领导，甚至在会议中尽量不与领导对视，担心自己过多地引起领导的注意。这种担忧可能不为人知，但透过这些避让的行为，对领导的恐惧已经显露无遗。实际上，领导每天忙于处理众多事务，通常没有太多时间去细致观察每个员工。因此，有时候，避开领导可能会减少受到批评的风险，但同时，也可能错失被认可和晋升的机会。

小张是一位职场新人，他害怕向领导提出自己的意见和想法，因为他担心会被领导批评或拒绝。每次有机会发言时，他总是选择保持沉默，开会时也总是低着头，担心领导看到自己。他想改变这种现状，阅读了大量关于职场沟通的书籍，并且向经验丰富的同事请教了一些技巧和方法。后来，他能够更加自信地表达自己的意见和想法，并且得到了领导的认可和赏识。

白小蕊是一位绘画艺术学校的讲师，她的课很受学生们的喜爱。

但是每次学校组织领导听课，她都会拒绝。她表示，领导在她会很紧张，没办法很好地绘画，她也不太和学校的领导们走动，主任和校长都没和她说过几次话，都以为她性格内向。后来才知道，原来她从小就怕老师，长大了怕领导，非常怕领导当面提出她哪里讲得不好，所以，不想被领导关注。

心理学上把类似这些现象叫作"权威恐惧"。大意就是说像小张和白小蕊这样恐惧单位领导的人，他们所害怕的对象都是拥有管理和批评权的人，他们都非常害怕被批评。

按理说，担忧被上级领导批评也是很正常的，但是如果已经开始对领导产生了回避的行为，那就要十分注意了，这大概就是得了"权威恐惧症"，这个症状的形成往往与自我的社交惯性有着密切的关系。这样的社交方式也会给个人在职场带来负面压力，与领导的沟通也会形成明显的阻碍。

把领导当成普通人，用敬畏结合的方式相处

领导有千万种模样，有亲和的，也有严肃的，他们和普通人一样，各有各的性格特点。往往让人产生压力的不是领导个人本身，而是他背后的身份和地位。所以，如果你也有面对领导恐惧的现状，试着把领导当成普通人，对他们敬畏结合，尝试接触，或许能给你的职场发展带来一个新的机会。

首先，不断告诉自己领导也是普通人。这样的尝试主要是为了让自己更加勇于和领导接触，抛开身份和地位，领导也和大家一样，也要有吃穿用度。所以，在看到领导时，要不断告诉自己他也和自己一样，是普通上班人，这样就能够减轻权威带来的压力。

其次，敢于和领导说话。这一点很重要，社交的主要方式就是交流。在合适的场合说合适的话，大方和领导问好，打招呼，这也是打破对领导恐惧很关键的一点。敢于直面领导，既迈开了和领导沟通的第一步，也会给领导留下开朗、乐观、阳光的印象。

最后，客观全面地看待自己和领导。不要妄自菲薄，觉得自己能力低下，要建立自信，当然也要更多地了解领导，不要过度对领导回避，要有一种平等的心态，只有你学会平等沟通的能力，才能消除惧怕心理。

画重点

1. 把领导当普通人看待，以减轻压力。
2. 勇敢和领导打招呼，迈出躲避心理的第一步。
3. 不看轻自己，全面客观看待领导。
4. 建立平等沟通的关系，平和的心态是良性沟通的基础。

比房比车比工资，同学聚会的焦虑烦恼

毕业以后令人期待的同学聚会，逐渐变成了大型攀比现场，比房比车比工资，甚至比孩子比老公比工作等等，原本是叙旧的场景，变成了一场大型社交攀比大赛。这令很多人一听到同学聚会，就会无比焦虑。

"你知道吗？班里那个丑小鸭居然是时尚主播了！"

"听说小闫子家又买别墅了，我的天！"

"你看没有？玲子又换了一个 Prada 包儿！"

这样的现场哪里还是和老同学聚会？就是一个比富显摆的大型竞技活动。这样的同学聚会，生活平淡的你，如何能够自洽呢？

在盲目攀比的环境里，稳定心态才是制胜的法宝

据统计，年轻群体中有 66.4% 的人患了聚会恐惧症。在当今这个愈发容易焦虑的时代，这个比例正处于增长趋势。特别是同学聚会这样的活动，更是让很多人既想去，又怕去。生怕自己混得不好，被人比下去。但又想念一起同窗多年的面孔，于是，如何在容易担忧的环境中自如地参加聚会，成了一大难题。

梅子在读书时觉得和同学们玩得很好，大学毕业后，她非常乐于张罗同学聚会，还主动担当起班级聚会的财务工作。她一直觉得，同学们平时各忙各的，只有到放假的时候才难得聚一下。因此，她非常珍惜和同学们聚会聊天的时光。但是，令她失望的是，她发现随着时

间推移，同学聚会变味儿了。条件变好的人就聊出国旅行和名牌儿，而普通上班族的同学就被晒在一边儿，大家像是自动分组一样，分了阶层，画了圈子，完全没有一起怀念学生时光的感觉，这让梅子很不舒服，她也不愿意再组织同学聚会了。

有一个定律叫"大内定律"，它是由美国管理学家 W.G. 大内提出的，大意是说人们关心的是与自己拥有相同社会地位的人对自己的看法。因为这个群体经历和基础相同，可比性最强。所以，在同学聚会上出现这种定律的现象最为严重。同学之间家庭背景和教育经历非常相似，人们都希望毕业之后的自己比对方优越，从而显示自己的不同。也就形成了这样的比对氛围，这便让很多人产生极大反差。这样的环境也会让毕业后收入平平的人陷入焦虑，甚至有的人明明是中等偏上的生活，但一经对比，依然会产生烦恼。

降低聚会预期，只关注自我进步

原本是怀念青涩的青春时光，结果成了一场社会地位大比拼。这样的场景，很多人应该都会有些恐惧吧。原本生活好好的，就因为一场聚会感觉自己的生活被比到了尘埃里。这样的环境，不管什么人，都容易产生巨大的落差感和卑微感，总是看到更好的，然后形成对自己生活现状的不满。这本身就是一种不良的心理影响。

那么，面对这样的聚会，如果避不开，要怎样去应对呢？

首先，永远只和自己对比。面对生活的挑战和不公，永远对标的对象只有自己。

对比自己是否和过去有了改变和进步，只要自己一直是向目标前进的，一直在进步，就值得夸赞，没必要因为别人的快速成功而贬损了自己努力的过程。

其次，坚持建立稳定而健康的进步体系。用自己不断进步的标准来衡量自己，外界的标准只是一个参考，好的经验值得学习，但不是影响自己进步的唯一参照标准。永远按照自己的节奏来，不因为外界的影响打乱自己进步的脚步。

最后，敢于对外界的干扰说"不"。不必拿别人的成功来干扰自己，别人的成功是别人的，你永远可以坚持自己的想法。不拿他人的成功标准来要求自己，只做自己钟爱与热爱的事情。

画重点

1. 永远只和自己对比。

2. 坚持建立稳定而健康的进步体系。

3. 永远按照自己的节奏来。

4. 不拿他人成功的标准要求自己。

5. 做自己钟爱与热爱的事情。

"宅人"拯救手册，如何融入社交的大舞台

对于那些习惯了待在家中的人来说，融入社交活动确实是一项挑战。正如卢梭所表达的："社交有时候是负担，孤独则是一种自由。"这句话真实地反映了一些人避开社交的心态——他们宁愿享受孤独也不愿在社交中承受额外的压力。要解决这个问题，迈出家门并融入社会可能是最困难的一步。社交是一个渐进的过程，它需要时间和实践来逐步适应。

社交突破指南，引领"宅人"走向社交新领域

对于普通人来讲很平常的聊天和交流，对于"宅人"来讲都是困难重重。这并不意味着"宅人"就不愿意社交，只是不知道如何应对。有时候，对于"宅人"来讲，人们常用的形容词大概就是"内向"和"害羞"的人物形象，因为无法很自然地向别人袒露自己的情感，因而才被迫"宅"起来，以躲避各种难以应对的交流。

美芬是一个独来独往的人，上班也很少和同事说话，回到家里除了煮饭看剧，基本和外界没有交流。每次父母来看她，也总是母亲在说，她在听，能不说话，她就不说。有时候，就连亲人和她相处都觉得很别扭，因为大家觉得和美芬之间，像是隔着一道墙一样，永远也走不进她的世界。后来，她养了一只猫，因为要不断为猫看诊，所以，她渐渐地和许多养宠物的人交流起来，打开了一扇社交的新大门。

　　小爽和陈志都是内向的人，他被两家人安排相亲，见面十分无措。一个把双手夹在大腿中间坐着，低着头，一个只看自己的手机，两个人谁也不知道应该开口说些什么。直到服务员问两位是否需要果茶续杯，两人才看了彼此一眼，然后点头之后，还是各干各的。

　　其实从他们的表现可以看出，作为"宅人"，从内心深处他们是渴望回到群体当中的，他们非常渴望被理解，也渴望社交，但是长期的独处和封闭状态，减弱了他们与人交流的这种自然能力。

　　从专业角度来看，网络上流传的"社交焦虑症"并非严格意义上的心理疾病，这种说法没有得到专业界的广泛认同。因此，如果有人发现自己身上存在所谓的"社交焦虑症"症状，也不必过于担忧。许多天生内向或容易害羞的人在社交场合感到不自在，这种感觉在一定程度上可能导致一些人产生社交焦虑，这可能与低自尊感相关联。

　　这样的人格本身是有强烈的表达欲望的，但是由于对负面评价高度敏感，所以，他们通过控制表达欲来隔绝外界的负面反馈。这样的一种行为反馈，就构成了许多"宅人"的现状，时间一久，就会影响其工作、学习甚至婚恋状况。所以，调整这样的状态是必要的。

"宅人"社交秘籍，打开社交大舞台的金钥匙

　　如果你对自己的"宅生活"感到困扰，那么尝试改变一下你对此的看法吧。内向的特质并非全然是缺点，因为在独处时，你更有机会与自己的内心世界达到和谐一致。要重新融入社交圈，你所需要的就是那份勇气——勇敢地走出去并愿意尝试。首先，先从房间走出去。这是解决"宅"的第一步，只有大胆地从房间里走出去，才是迈进了社交的大门。只有走出去，才有机会走近与自己志同道合的朋友。

　　其次，尝试参与户外活动。虽然宅在家中是一种自我反思的好方

法，但走出户外参加一些活动，不仅可以舒展身体，还能开启一种与自然交流的新方式。通过这样的活动，你还可以遇到其他热爱户外活动的人。由于交流的主题主要围绕户外活动，这样的社交环境不太可能引起你的越界担忧。

最后，寻找自己感兴趣的项目，去参加小众分享会。这种活动对于"宅人"，是有点难度的，因为要当众交流，但是参加小众分享会，人不会过多，内容也是自己感兴趣的。要勇于分享自己的感受，当你敢于表达自己的兴趣、爱好、感受时，就是克服了恐惧的一大关。

如果你还处在一个"宅"的状态，不必焦虑，按照以上的方法去开展你的社交活动吧，大胆走出去，不用再担心自己会被群体孤立，你并不孤独，有许多期待你出现的人在等你，你也有自己独特的优点，只是你还在学习社交的路上。

画重点

1. 走出房间。
2. 参加户外活动，让身心都能够和大自然接触。
3. 打开自己的心，多分享交流。
4. 找到自己的兴趣点，寻找志同道合的伙伴。

解码害羞心理，跨越害羞的内心之墙

害羞常常使人在社交场合感到不自在和局促。但是，害羞并不是一个不可克服的障碍。在每个人的内心深处，害羞仅仅是一堵需要被理解的墙。当你深入探究害羞的心理，你会找到越过这堵墙的动力。接下来将探讨害羞的根源，揭示其背后的奥秘，并提供有效的策略，帮助你克服害羞，展现你的真我。

解锁社交技能，害羞者也能闪耀社交舞台

害羞者在生活中可能会面临诸多挑战，比如在社交场合中感到紧张和不自在，难以与他人建立深厚的关系。他们可能害怕表达自己的真实想法和情感，导致沟通不畅。此外，害羞还可能影响到他们的职业发展，例如在面试或公众演讲时表现不佳。然而，害羞者也有自己的优点，如善于倾听和理解他人。通过努力克服害羞，他们可以发现自己更多的潜力，过上更加充实和自信的生活。而社交技能就像是开门的钥匙，能帮你打开跟别人交流的那扇门。

就像戴尔·卡耐基说的："处理好人际关系，关键在于你要能理解对方的观点；而且，看事情得考虑你和对方的不同立场。"生活里有好多这样的例子。

家庭聚餐时，每人都点一道菜，小李本来就很内向，一和别人说话就爱脸红。在大家的游说下，他很犹豫地点了一道凉菜，结果被家里人笑话，称以为他考虑这么长时间是要点大龙虾之类的大菜，小李

无法接受家人的嘲笑，好不容易鼓起勇气点完了菜，却受到了家人的议论，他不能接受，生气地离开了，这让家里人非常不解。

明明虽然上班了，但一直是众人眼中害羞的男生，平时也少言寡语的，当邻居家女孩来借调料时，他满脸通红，汗从鬓角流了下来，也不敢正眼看女孩。母亲有意让他多和女孩接触一下，就让他去送调料，但是他却一言不发，把调料递给女孩后迅速地关上了门。邻居女孩被关在门外，非常惊讶他的行为。

有相关研究证实，害羞可能是天生的。科学家曾对志愿者做过扫描实验，人体内有一种叫作"5-羟色胺"的化学物质，是一种神经传递素，这种物质影响人的焦虑、沮丧等精神方面的状态。通过对不同志愿者的 DNA 进行分析后，科学家们得出，易害羞的人的大脑中，和化学物质"5-羟色胺"相关的基因相对更加短，这是先天性的。

当然，这并不绝对，也有许多羞涩的人，他们性格的形成也和后天的家庭教育方式、生活环境，以及各种成长过程中遇到的事件等有关。要克服这样的一些因素，还需要自身扩展认知，走向正常社交的环境。

害羞者的社交宝典，助你轻松融入大集体

不管是怎样的原因，先天的还是后天的，令你成为一个羞涩者，在当今的社会环境中，显然这样的敏感而恐惧的心态与行为，对自我的成长是有一定影响的。特别是在工作以后，因为这样的性格而展示出来的行为方式，没有办法表现自我的能力，在职场上依旧表现胆怯的话，也会令自己不易适应职场生活。面对这样的困境，可以尝试一些社交方法，助你克服害羞心理，从而轻松融入大集体。

首先，找到信任的人，能够给到你正向的力量支持。大部分害羞者最难逃的就是负面的反馈带来的强烈焦虑感受。这是一个很难突破的关口，所以，你需要找到信任的人在身边，经常为你提供正向的支持，让你经常接收更多正面的信息反馈，重拾自信。

其次，不断给自己好的心理暗示。从心理学的角度看，害羞的人可以用认知行为疗法来改变自己的想法和行为习惯。比如说，多给自己点积极的心理暗示，能帮你克服心里的害怕和不安。遇事时，要不断暗示自己会好的。而且，社交技能要靠实践和经验积攒，大胆走出自己的舒适圈，慢慢适应跟人打交道。

最后，进行正念的自我支持练习。害羞是一种很复杂的情绪，害羞的人对周边的信息干扰也非常敏感，所以，要进行正念的自我支持练习，而且要刻意练习，形成不断支持自己的习惯，这样，外界的干扰就不会令自己烦躁，并让自己逐渐强大起来。

画重点

1.找到值得信任的人，取得正向的支持力量。

2.不断给自己好的心理暗示，这很重要，要有相信一切向好的信心。

3.正念的自我支持练习。

4.养成排除干扰，逐渐强大自信的习惯。

先接纳自己，而后赢得他人的接纳

接纳自己是一场美妙的旅程，它不仅能让人们更加自信和快乐，还能赢得他人的接纳。生活中的人们，有时候会有这样的心境。

"虽然已经是高管了，但感觉自己能力还是有欠缺。"

"虽然已经是很努力工作了，但估计是自己情商不高，所以领导总把不好的活安排给自己。"

这些想法都反映出一个共同的信念：认为自己不如他人，不够完美。正是由于这种思维，人们才难以完全接受自己，从而沉陷于焦虑的困扰之中。这种自我评价偏低的心态，潜移默化地向自己暗示了一种思维——那就是不接纳自己的现状。

认可自我，方能获得他人认可

《简·爱》中的女主角简，她并不具备出众的外貌和家世，但她接纳了自己的平凡，凭借独立自主的人格和善良的内心，赢得了罗切斯特先生的爱情和尊重。

用单纯和坚持感染着身边的人，最终收获了真挚的友情和爱情。生活中也一样，要想得到外界的认可，首先要认可自己，才能自信地将自己展露在外人面前，从容且大方，这样才能够在社交中游刃有余，落落大方。

小刘的身材微胖，曾经因为身材问题而对自己感到不满意。每次去买衣服的时候，她都觉得自己配不上任何衣服，因此每次都非常失落，觉得自己以后没办法出门见人了。后来，朋友知道了此事，就带着她一起跑步，当她习惯了以后，也开始积极地锻炼，逐渐改变了自己的身材状况。同时，她也学会了爱惜自己的身体，无论其形态如何。

李双一直对自己的外貌不自信，总是觉得自己不够漂亮。她每次对着镜子，总觉得自己鼻梁矮，额头不饱满。于是，她开始去美容院，但在她的眼中，自己无法变漂亮这件事，像个心结一样，让她非常没有自信。后来，她参加了一个读书会，把读到的图书以轻松的方式分享给众人，逐渐得到了大家的认同。她开始重新审视自己，认识到每个人都有自己独特的美，也学会了欣赏自己的优点，不再关注自己的缺点，逐渐变得更加自信。

这些案例表明，人们在生活中可能会经历从不接纳自己到接纳自己的转变。这通常需要时间、自我反思和积极的行动。心理学上有观点是这样认为的，不接纳自己与较低的自我评价相关。对自我评价偏低的人经常会为自己定制一个理想化的模板，当无法达到自己的标准时，内心便常存挫败感，从而开始有了逃避行为，严重的还会产生攻击性。

通过认识自己的价值、培养积极的心态和与他人建立良好的关系，人们可以逐渐学会接纳自己，从而更健康、更快乐的生活。每个人的转变过程都是独特的，而接纳自己是一个持续的过程，需要不断的努力和自我关爱。只有先接纳自己，才能真正赢得他人的接纳。

先拥抱自己，才能赢得他人的拥抱

有一句老话这样讲："金无足赤，人无完人。"每一个人都是有缺点的，只有学会接纳自己的缺点，才能真正的实现爱自己。爱自己不是要成为一个完美的人，而是能够清晰地意识到自己的优点和缺点，同时接受这样的自己。只有自我接纳才有余力向其他人展示真实的自己。怎么做才能够更快地进入自我接纳的程序呢？

首先，寻找一个普通的标准。通常让人焦虑的是用自己的缺点对比别人的优点，这样的参照本身就是对自我不利的，只会越比越不自信。所以，可以通过全面考察他人的特点，找到一个普通的标准，这样容易形成稳定的参照，对重建自信非常有帮助。

其次，对缺点进行反向思维。比如自己的写作能力有欠缺，可以选择财务工作。

最后，学会欣赏完整的自己。正因为每个人的不同，才造就了独一无二的个体，能够欣赏完整的自己，才是爱自己的开始。正因为这些小小的缺点，才让自己更加的独特。盯着自己的小毛病，不如出去走一走，看一看，每个人身上都有缺点，但是依然要活得很自在。

画重点

1. 寻找一个普通的标准，形成一个稳定的参照，重建自信。

2. 学会反向思维，把缺点带来的好处反复回想，利于面对自己的缺点。

3. 学会欣赏完整的自己。

4. 接纳自身的缺点，做独一无二的自己。

平衡线上线下，重拾线下交流的能力

如今互联网已成为人们生活中不可或缺的一部分。例如，有一个网络视频展示了这样一幕：一个人尽管非常疲惫，却依然化了妆拍照，然后发到朋友圈，并配文表示尽管辛苦了一整天，自己仍然容光焕发。不久，就有很多人给这条动态点赞。另一个场景是，一对情侣回到家中并不交谈，却摆出亲密的姿势拍照，配上文字表达他们的爱情依旧牢不可破，并吸引了大量线上的互动和点赞。然而，他们放下手机后，就各自忙碌，互不理睬。这正是活在虚拟世界中人们的写照：在社交平台上精心打造形象，容易获得众多关注，但在现实中，每个人都可能感到孤独。互联网不仅加剧了人们内心的孤独感，还可能导致人际关系中亲密感的缺失。

融合虚拟与现实，提升线下沟通技巧

现在的生活越来越虚拟化。然而，要想在现实生活中建立深厚的人际关系，提升线下沟通技巧至关重要。融合虚拟与现实，意味着要善于利用线上资源，同时也要注重线下的交流。通过线上平台，可以学习沟通技巧、扩展社交圈，但真正的挑战在于如何将这些技巧运用到线下面对面的交流中。

果子猫是一位宠物生活博主，平时在互联网上积极阳光地分享自己与宠物的生活，展现在粉丝面前的都是温暖、有爱、治愈的画面，这让她的自媒体帐号拥有了上万的粉丝，很多人都期待与她线下见面交流，虽然她表达出很愿意，但很少有人真正见过她。

一位探班博主与她在生活中接触了以后，发现生活中果子猫是一个非常不爱沟通的人，而且两人的交流也是围绕着猫开展，她全程也没说超过十句话，这让这位探班博主非常震惊。

小梨是一位美妆带货达人，她化妆的技巧与讲解不仅细致，而且表述清晰，是一位十分受欢迎的国货美妆带货人。她在直播间说话语速非常快，而且表现的性格是十分干脆利落的，这让许多粉丝都在她这里买了很多化妆品。但是，熟悉她的人都知道，小梨生活中是一个很拖拉的人，也不太喜欢和他分享生活，走路慢，吃饭慢，打电话也是语速非常慢，就连和朋友逛街也经常会被落在后面。这巨大的反差让人觉得虚拟和现实差距巨大。

这些线上和线下形成剧烈差异的人，在当下群体非常庞大。很多人在镜头前表现的都是别人想看到的自己，回归到真实的生活当中时，却不知道如何与人进行交流。

在国外有一项关于社交网络的研究，结果发现，使用互联网社交软件的人比不使用的人更加自恋，但是这些群体在线下生活中，开展社交生活时孤独感也更加强烈。这主要源于在互联网上很容易获得关注，但是人与人之间的深度连接感很薄弱，都是浅尝辄止，网络上的虚拟空间只能获得一种关注感。

有关心理学家也指出，现下的社交媒体让人拥有过多不切实际的幻想，许多人认为在线上更加容易获得关注，便会做许多博得观众眼球的行为，就没有精力专注于线下的社交，而线下的社交要察言观色，要拥有聆听的能力，同时还要精于表达等等，这样看来线上社交方式显然比线下的更加容易。

平衡线上世界与现实生活，培养面对面交流能力

如果总是过度花时间在线上，那么就会大大减弱在线下社交的能力，这样时间一长，在社交当中无论是接收信号，还是向他人发出信息，都可能受到相应的影响。所以，人们更加需要平衡线上与现下的真实世界，重建现下面对面交流的能力。

首先，合理运用线上的信息，服务于线下。比如，可以依据实际情况，约对方见面谈事或聊天，而不是只在线上交流。把线上当成是线下社交的一个敲门砖，从而重新将重点移回现实生活。

其次，重质不重量。不过度关注你朋友圈或是社交媒体的点赞人数，这并不代表你被多少人所关心，这些小红心再多，依然不是你亲密的朋友，要试着将这种思维转到有多少人看了这些内容会约你线下见面，或是真的和你谈心。

最后，多回归到真实生活，多与亲人和朋友见面。正确的社交打开方式主要是通过互联网这样一个载体，打开你新世界的大门，比如通过兴趣小组，结实能在生活中共同读书或是打球运动的人。线上的互动与交流，是服务于线下真实生活的，这样才更加有意义。

画重点

1. 合理运用线上信息，服务于线下。
2. 朋友重质不重量，少一些点赞之交，多一些能面对面交流的人。
3. 回归到真实生活中，面对面的交流才是生活的根本。

爱的温暖，社交关系如何舒缓焦虑之痛

社交关系是人类基本的需求之一。拥有良好的社交关系，人与人之间便能够建立深厚的情感连接，互相之间可以分享喜怒哀乐，也能够在情感上给予支持和安慰。当人们感到焦虑和不安时，朋友、家人或爱人的陪伴以及理解，能够让人们感到不再孤单。被倾听和关怀的感受也会如同温暖的阳光，能够让人驱散内心的阴霾。

当人们面临困难和挑战时，身边的家人和朋友也会给予建议、提供资源或和你一同寻找解决问题的方法。这种实际的支持能够让人们感到有人一起并肩作战，从而减轻焦虑的压力。

温暖的连接：社交关系对焦虑的疗愈作用

社交网络中，与朋友倾诉内心的烦恼和忧虑，能够释放压抑的情绪，也提供了情感宣泄的渠道。社交关系当中所提供的理解和共情，也能够让人们感到被接纳和包容，从而减轻焦虑带来的心理负担。

小非因性格不和要和老公离婚了。她非常痛苦，于是找到亲人哭诉，在被姐姐抱在怀里的那一刻，她感受到这个世界还有人爱她，就觉得生活也没那么痛苦了。毕竟明天太阳升起的时候，日子还要继续下去。她经过了这样的过程，也坦然地接受了离婚的事实，很快从离婚的阴影中走了出来。

秦月是一名曲棍球运动员，因为胳膊受伤错失了一次参加全国比赛的机会。她情绪非常低落，找来了和自己从小一起长大的好姐妹，一边吃饭一边诉说着错失比赛后难过的心情，但是小姐妹安慰她说，还要感谢她受了伤，不然这个未来的大冠军恐怕几年都没机会见，这样的玩笑把她逗笑了。她们在吃吃喝喝中度过了一个愉快的夜晚，两个人还相约一起看比赛直播。

在心理学上有一种依恋理论：描述了人类在早期生活中与主要照顾者之间形成的情感纽带。安全的依恋关系有助于个体在面对压力和焦虑时获得情感支持。比如来自父母与亲人的支持，这在人生的很多关键时刻，都会起到积极作用。比如和好友聊一聊，将内心的负面情绪表达出来，通过分享忧虑和烦恼，就可以实现情绪的宣泄，达到缓解焦虑的作用。

值得注意的是，这些方法的实现，需要值得信任的社交关系，比如亲人和多年的老友，他们能够提供温暖的帮助，起到社交关系对焦虑的疗愈作用。

爱的力量：社交支持与焦虑的缓解

社交活动本身也可以成为一种缓解焦虑的方式。社交互动带来的欢笑和快乐，能够刺激大脑分泌多巴胺等神经递质，提升人们的情绪和幸福感。具体做法可以参考如下：

首先，与朋友一起参加感兴趣的活动、聚会或运动。这样的活动能够让人们暂时忘却烦恼，投入愉快的时光中。

其次，积极主动地投入，建立和维护健康的社交关系。主动与亲朋好友保持联系，分享生活中的点滴。也可以参与社交活动，扩大自己的社交圈子，结识新的朋友。

最后，在社交中，要学会倾听和关心他人，用心去建立真诚的连接。当然也要注意社交关系的质量，与积极、支持你的人相处至关重要。避免与消极、抱怨的人过度接触，以免他们的情绪影响到你。同时，也要学会保护自己的情绪边界，避免过度依赖他人或让他人的需求压垮自己。

在社交关系中，爱的温暖是舒缓焦虑之痛的良药。通过建立和培养健康的社交关系，可以在生活中获得情感的支持、帮助和快乐。珍惜身边的人，用爱去浇灌社交关系，让他们成为你心灵的避风港，陪你共同度过焦虑的风暴。

画重点

1. 与朋友一起参加感兴趣的活动。

2. 积极主动投入到健康的社交关系，保持联系。

3. 结识新朋友。

4. 学会倾听和关心他人，用心连接他人。

5. 注重社交关系质量，与积极正能量的人相处。

6. 保护自己的情绪边界，不依赖他人。

真实的魅力，不需要冒充外向的人就能发光

在这个充满喧嚣的世界里，人们常常误以为只有表现出外向的特质才能吸引他人的注意。然而，真正的魅力并非来自外在的伪装，而是源自内心的真实。真实的魅力，如同璀璨的星辰，不需要冒充外向的人就能发光。

展现真实，源于个体对自我独特的个性的接纳。当一个人敢于展现真实的自我时，无需刻意迎合他人，就能散发出一种自信和魅力。所以，要抛开虚伪的面具，拥抱真实的自己，因为真实的魅力将永远闪耀不灭。

真实即魅力：展现真实，无需伪装

因为非常羡慕那些出口成章的人，见到不同的人会说不同的话的人，所以，为了让自己看起也像个外向的人那样人见人爱，就算心里非常不乐意，也演出一副乐观、活力四射的样子，但是，给人传递出来的感受却依然是有些木讷并且十分不自然。

玲医生是一名中医，大家都知道她是一个内向的人。当医院要求医生下乡走访时，面对不熟悉的村民，她一板一眼地接待问诊，和其他与村民谈笑风生的医生相比，她的问诊过程非常安静，甚至有点儿冷清。她不擅长与人聊天，但是只要是村民提有关身体健康方面的问题，她都耐心地解答，于是她得到了村民的赞赏。

性格开朗又擅长交流的人，确实有着不可抵挡的吸引力，但是作为内向的人，也有着自己独特的优势。世界上成功者当中 70% 以上其实都是内向性格的人，就像股神巴菲特、作家村上春树、科学家爱因斯坦等等。内向的人，因为很少表达，所以，做事更加专注，深度思考的时间也较长。分析事情时，观点鲜明、深刻、思维缜密等等，这些都是内向的人身上的优秀品质，这些特质也常被人误以为不擅长表达。

所以，无需效仿外向的人，能够灵活运用自己内向的性格，在专业领域上认真思考，从而在需要表达时，一鸣惊人，这样真实的魅力也是势不可挡的。

挖掘真实魅力：无需外向的吸引力

知道了内向的人有许多优势以后，是不是就不再忧虑于自己不擅长社交的特点了。性格内向的人通常执行力都很强，也不愿意夸大事情，喜欢在研究上精益求精，优势很突出。既然如此，做真实的自己就更加重要了。那么，如何深挖自我的真实魅力呢？

首先，做真实的自己。不管内向是先天的还是后天形成的，保持自己就好，内向没什么大不了，要有这样的心态，坦然做自己。

其次，找到自己专注的兴趣点。不管别人如何乐于社交，专心去找自己的兴趣点，专注于自己的领域，与其临渊羡鱼，不如退而结网。默默精进自己，在进步的过程中增强自信，回归自我。

最后，找准机会勇于表达自己。不必在意外界的眼光，把自己擅长的领域做好，待有机会的时候，勇于表达自己的观点。

画重点

1. 坦然做自己。

2. 找到自己能够专注的兴趣点，默默精进自己。

3. 找准机会勇于表达自己。

4. 不在乎外界的眼光和说辞，做闪光的自己。

治愈社交恐惧症，别不好意思

社交恐惧症并不是一种缺陷或弱点，而是大脑对社交情境的过度反应。这种反应可能是由于过去的负面经历、遗传因素或其他心理因素引起的。

"不想见陌生人，一靠近就想起小时候被不认识的人踢了一脚，非常难受。"

"想相亲，但是见到女生不敢看对方，紧张得说不出话。"

"想跟同学做好朋友，但是，实在没勇气开口邀请他。"

面对这样的社交阻碍，可以试着先与熟人进行简单的对话，然后逐渐扩大到与陌生人交流。通过逐渐暴露自己于社交情境中，通过刻意练习来逐渐减少恐惧和焦虑。经过不断地尝试以后，社交恐惧感会慢慢淡化，最终迎来一个自我的新生。

跨越社交障碍，成就美好人生

社交障碍可能让人感到孤立和困惑，但它并不是不可逾越的高墙。它可能以各种形式出现，如社交恐惧症、沟通困难或人际关系问题等等。然而，它不应成为你实现梦想和追求幸福的阻碍。

跨越社交障碍是需要勇气和决心的，只有自己想改变了，才能勇于挑战自我，与他人建立真实而有意义的连接。生活中要通过培养自信、提高沟通技巧和拓展社交圈子来打破障碍，发现新的机会和可能性。

小文是一名摄影记者，他的作品很有灵性，但是当面问他一些摄影问题时，他说话总是断断续续，不敢看对方，手也会有点儿发抖。但是当他摄影时，却总是很放松，也能拍出很好的作品来。后来朋友给他想了一个方法，让他把和他对话的人当成相机，多次练习之后，小文果然能够自如地应对外界了，这对于他来讲，是个如释重负的过程。

李威是一个网游选手，平时总是在打游戏，在游戏的世界里他能够交流自由，但是到现实生活中，他却无法和人正常交流。吃饭基本靠外卖，但有一天他家停电了，他没办法就只能自己出去购物，这时候，他突然不知道如何和人交流，他意识到问题的严重性。开始减少在网上打游戏的时间，每天坚持到市场买菜，经过了一个多月的时间，他才能够和大家正常交流。

其实，跨越社交障碍不仅对个人有益，对人际关系和社会也有着积极的影响。鼓起勇气，踏上跨越社交障碍的征程。无论路途如何崎岖，要坚信自己，美好的人生正等待着你去成就！

从心理学的角度分析，本身社交恐惧症也是网络上固化的一种词汇，并不是疾病。所以，积极地去面对生活，就是战胜社交恐惧症的最佳良方。

击败社交恐惧症，成为更好的自己

通过学习，你会发现社交恐惧症实际上也没有那么可怕，可怕的是你不断为自己贴上了标签，不断暗示自己无法和外界接触，只有勇敢地走出这种困境，新的生活才成为可能。

首先，选好适宜自己的环境。不必非常强迫自己去进行大型社交。有时候，在人数少的书店，或是互相疗愈的小型组织里，不存在过多的外部打扰，这样的环境，反而能够有利于你打开心门，利于发挥你深度思考的突出特点。

其次，重精度不重广度。对多而杂的事物容易产生焦虑的人来讲，要将社交的重心放在精度上，而不是放在广度上。

最后，关注身体的需求，适度保留高质量的独处。独处有时候能够让人拥有自由的心境，所以，不用一味地去扩大社交面，当身体想要休息时，不妨减少低效社交，享受独处，反而能够让未来的社交更加精准和舒适。

画重点

1. 选适宜自己的小众环境。
2. 社交重精度不重广度，精反而更有利于修复能量。
3. 关注身体的需求，适当保留高质量的独处，不为难自己。

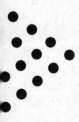

第七章

不攀比：做了不起的自己

"邻居家都生二胎了，你老婆却连怀孕都不肯，天天就知道上班做兼职，什么时候能抱上孙子？"

　　面对他人的质疑和期望，许多人都会感到焦虑。这种不愉快的情绪往往是由攀比心态引起的，因为当别人渴望拥有更多的时候，他们会将这些无尽的愿望强加在你身上，让你感到喘不过气，也因此对他人的期望感到焦虑。实际上，这些焦虑与你无关。如果别人未能实现的期望让你承受了负面情绪，那么学会拒绝这些不合理的期望，这是恢复平静生活的关键。

"朋友圈嫉妒症"，为何总是羡慕别人的生活

在当今社交媒体普及的时代，不论年龄大小，大多数人都有自己的朋友圈。你是否常常羡慕别人的生活呢？由于社交平台上分享的内容，因朋友圈而产生嫉妒已成为一种常见现象。

社交媒体与心理健康：如何避免朋友圈嫉妒症的负面影响？

随着人们在社交媒体上晒出各种生活的精彩瞬间，不可避免地，这些分享引起了一些人在观看时的比较和嫉妒情绪。这种现象导致了许多人频繁地羡慕他人的生活，进而形成了一种被戏称为"朋友圈嫉妒症"的心理状态。

遗憾的是，这样的嫉妒感对个人的心理健康和幸福感都有可能产生不利影响。

小明经常浏览社交媒体，他看到朋友圈里的朋友们不是在豪华旅行，就是在购置名车、豪宅和奢侈品，这些照片像一面镜子一样，把他的生活映照的破烂不堪。每当他刷到这些照片和视频，都会感叹自己生活的平庸，对他人的生活充满了羡慕和嫉妒的情绪，抱怨自己不能过上那么美好的生活。但他并没有意识到，这些照片只是别人展示出来的生活中的一小部分内容，并且这些往往是发圈人想给别人看到的一面，非常片面。这样的心态让他对别人的生活，产生了一种虚拟的向往感，同时也忽略了自己生活的特别。

小红是一个在社交媒体上活跃的人，她经常在各种论坛留言、发

帖，由于她经常看一些成功人士的秘诀这样的内容，一开始她还只是敬佩之心，但是时间久了，她开始与他人比对，觉得看到的每个人都比自己强，这样的思想常常令她陷入自我评价的焦虑中。她开始怀疑自己的能力和价值，产生了对别人生活的羡慕和嫉妒之情。这种焦虑的自我评价使得她对自己失去了信心，同时也影响了她的心理健康。

在心理学中，"朋友圈嫉妒症"可以解释为是一种社会比较和自我评价的心理现象。社交媒体上的虚拟世界往往会放大他人的优点和自己的不足，导致对比和嫉妒情绪的产生。此外，人们常常忽视了社交媒体上呈现的只是他人生活的一部分，往往经过精心选择和编辑，与实际生活存在偏差。因此，"朋友圈嫉妒症"是一种自我评价焦虑的表现。

当你清醒的了解真相时，才会明白为了满足这些幻境般的成功感是非常没必要的，珍惜当下才是最重要的。

自我评价焦虑的克服之道：从比较中脱离，重建自我认同感

竞争激烈的时代，人们常常陷入自我评价的焦虑中，时刻担忧自己在他人眼中的价值。人们总是不自觉地与他人对比，从而质疑自己的能力和价值。然而，真正的自我价值并非来自外界的评价，而是源于内心的认同。要克服自我评价焦虑，可以参考以下小指南。

首先，要学会从比较中脱离出来。这并不意味着要逃避现实，而是要转变心态，不再将他人作为衡量自己的标准。

其次，重建自我认同感。通过深入了解自己的兴趣、优势和价值观来确立自我价值和目标。重新建立稳定的内核，要学会欣赏自己的独特之处。

最后，还需要学会接受自己的不完美。每个人都有自己的缺点和

不足，但这并不意味着我们就没有价值。相反，正是这些不完美让我们变得更加真实和独特。因此，应该勇敢地面对自己的不足，并努力改进和提升自己。

总之，克服自我评价焦虑需要从比较中脱离出来，重建自我认同感。只有这样，才能真正地认识自己、接纳自己，并活出真实的自己。

画重点

1. 学会脱离比较的困境。

2. 重建自我认同感，了解自己，确立自我价值和目标。

3. 接受自己的不完美，这一点很关键。

自卑与优秀，揭秘内心与外在的矛盾

优秀被视为一种来自外界的赞誉和认可，是个人通过努力和才智所赢得的荣耀；相对地，自卑则是内心深处难以启齿的阴影，它来源于人们对自身价值的不确定感和怀疑。

"每次相亲时，虽然对方都会夸我漂亮，但我总担心对方问起我的学校，因为那不是一所名校。"

"公司每次提报，虽然我的方案都是最优的，但是，每次我都是把'你行的'三个字写在手上，这样才得以坚持到最后。"

"虽然研究生毕业了，但是一看到已经在 500 强当经理的表弟，就觉得自己以后肯定比不过他。"

这种自卑感与外在表现的优秀之间的矛盾常常使人们陷入自我怀疑和焦虑中。在试图通过更多的成就来掩饰内心的不安时，人们可能会忽略真正的自我价值。有时，面对这种矛盾，需要勇气去正视内心的自卑，通过自我接纳和持续地成长，解决内外的冲突。

优秀与自卑的交织：剖析内心世界的复杂矛盾

在激烈的竞争中，追求卓越成了许多人的目标，他们不懈努力以实现这一追求。然而，即便优秀已成为他们的标签，内心深处的自卑感却常伴随其左右，逐渐侵蚀着他们的自信。这些人恐惧自己的成就不过是昙花一现，担忧他人的目光会揭示自己内心的不足，也害怕自己的真实面貌无法经受外界的评价和审视。

王先生是一位才华横溢的艺术家，他的作品广受赞誉，市场价值不菲。然而，每次他看自己的画展，总觉得作品还不够完美，担心别人会看到他的不足。他常常跟在看展人身边，听别人对他作品的评价和议论，一旦听到大家讨论对比，他的内心就充满了沮丧和自卑感。其实作为观众来讲，只是以个体欣赏的角度来评判和交流，但是扎根在艺术家身上的这种自卑与矛盾，让他在创作过程中时常陷入自我怀疑和焦虑。

金先生是当地非常有威望的企业家，在商界叱咤风云，公司规模不断扩大。他分享成功时坚韧的气质，也让很多人非常敬佩。然而，他内心深处却时常感到自卑，认为自己之所以能够成功只是因为机遇好、运气好，而并非真正的能力。事实上，在同等机遇下，很多人和他起点一样，但是，没有他身上那种敏锐的商业嗅觉。

现实生活中，每个人都有被肯定、被认同的需求，当这类需求无法得到满足的时候，无助感便会令人产生对自我价值的怀疑，这就是自卑心理。心理学家阿德勒提出了"自卑情结"的概念，大意是说当一个人在无法处理的问题面前，表现的是绝对性的无法解决的言行，这种情况下出现的就是"自卑情结"。它的表现比较复杂，有流泪、表达歉意、愤怒等等。

很多时候，大家认为自卑是一种消极情绪，但是其实它只是一种常态化的心理活动。它是一个中性概念，消极者有时候会出现拒绝社交等行为，包括自我内在攻击、产生内耗、求关注、怕否定等等，不能及时跨过这些焦虑情绪。但积极的人会有积极的想法，有时候还会有序地超越自我。

隐藏在优秀背后的自卑：解读自我认知的悖论

自卑与优秀，这两者看似相互矛盾，却在许多人的心中并存。在追求优秀的道路上，要有一些合适的小方法，才能缩短这条并行的道路。

首先，需要正视自己内心的自卑感，而不是试图逃避或掩盖它。自卑感是一种常见的情感，它并不代表一无是处。通过接纳自卑感，人们可以更好地理解和释放自己的情感需求，从而寻找适当的应对策略。同时，正视自卑感也有助于人们更全面地认识自己，发现自己的优点和不足，进而实现自我提升。

其次，摆脱外界评价对自我认知的影响。为了摆脱这种影响，人们需要建立积极的自我评价体系。这意味着人们要学会从多个角度审视自己，不仅关注他人的看法，更要关注自己的内心感受。同时，人们也要学会客观评价自己的能力和价值，不轻易否定自己。通过积极的自我评价，可以逐渐摆脱自卑感的束缚，实现自我成长。

最后，在人群中取得正向的支持与互动。在应对自卑与优秀之间的矛盾时，寻求外部支持与反馈同样重要。与家人、朋友或心理咨询师分享自己的感受和困惑，可以帮助自己获得更多的理解和支持。同时，他们也能提供客观的建议和反馈，帮助你更好地认识自己。此外，参加一些团体活动或社交活动，也能让自己在与他人的互动中逐渐建立自信，克服自卑感。

总之，隐藏在优秀背后的自卑是一种常见的自我认知悖论。通过正视并接纳自卑感、建立积极的自我评价体系以及寻求外部支持与反馈等方法，人们可以有效应对这种矛盾，实现自我成长和内心的平衡。

画重点

1. 正视自卑，并接受它。不逃避、不掩盖。
2. 摆脱外界评价，关注自我感受，认可自己。
3. 寻求积极的自我评价，摆脱束缚。
4. 在人际交往中取得正向的支持与互动。

为何会渴望别人的认可

在这个快节奏且压力大的社会中，人们似乎总在寻求某种形式的认同。无论是职场上的成就还是生活的琐碎，人们都希望得到他人的肯定和称赞。这种对认可的渴望，悄然化作无形的枷锁，驱使人们在寻求被认同的道路上越行越远。

为什么人们对别人的认可有着如此强烈的渴求呢？这可能与内心深处的孤独感和不安全感有关。在这个错综复杂的世界里，人们常常觉得自己渺小，害怕被忽略，害怕被世界遗忘。因此，渴求通过获得他人的认可来证明自己的存在价值和归属感。

但是，过度追求外界的认同会使人们步入一个圈套，为了符合他人的预期人们不断地调整自己，有时甚至牺牲了自身的原则和梦想。

是时候重新审视这种对认同的追求了。人们需要认识到，真正的价值并非源自外界的认可，而是来自内心的坚持和自信。只有勇敢地正视真实的自我，坚定地追寻个人的梦想，人们才能摆脱渴望认同的圈套，找回并活出真正的自己。

渴望认可的背后：探寻自我价值的迷思

在人生的舞台上，每个人都渴望得到他人的认可，仿佛这是衡量自我价值的一把标尺。然而，在这份渴望认可的背后，却隐藏着对自我价值的深深迷思。人往往易在别人的眼光中迷失自己，并且试图通过外界的肯定来证明自己存在的意义。

著名歌手张国荣在歌曲《我》中唱道："我就是我，是颜色不一样的烟火。"这句话道出了个体独特性的重要。然而，在现实中，人们却常常为了迎合他人的期待，而忽略了自己内心的声音，努力扮演别人眼中的完美角色，却忘记了真正的自我。

渴望认可并非错事，但过度追求却可能导致失去自我。真正的自我价值并非来自他人的赞美或贬低，而是源于对自己的认知和接纳。只有敢于面对真实的自己，才能找到那份属于自己的独特价值。因此，我们在渴望认可的道路上，应不忘探寻自我价值的真谛；在追求外界认可的同时，也要学会倾听内心的声音，找到真正属于自己的价值所在。

小茜入职后，一直努力工作，每一次把工作做完，她最期待的就是被领导夸奖一番。如果领导很开心地看着她点头说做得很好，她就能开心好几天。但是有时候领导太忙了，看了她的文件后，只是平淡地告诉她去执行就可以了，她就会很失落，觉得领导心里肯定对自己的方案不满意，只是嘴上不好意思说出来。在执行工作的过程中也总是会想东想西，不断地怀疑自己的方案有问题。

琴美很喜欢发朋友圈，但是，她每次发完朋友圈，最关注的就是有多少人点赞，有多少人留言。只要看到很多人点赞，她就觉得大家都喜欢她，但是如果点赞量很少的话，她就总会觉得是不是自己修图不够漂亮，文案写得不吸引人，要么就是大家都开始不喜欢自己了。

大部分时间里，人们是很难自洽的，要么就需要别人的表扬来证明自己的价值，要么就是不断通过引起别人的关注，从而证明自己存在的意义。这种需要依靠外界的因素来评价自己，藏着对他人认可的渴望，在现实意义上，是对自己价值边界不清的表现。

小茜和琴美都陷入了寻求认可的陷阱，让情绪随着外界的评价动荡不安。其实真正的价值不是来自他人的赞美或贬低，而是源于内心的力量与坚持。要敢于面对真实的自己，勇于追求自己的梦想，不再为了他人的认可而迷失自我。只有这样，才能真正活出自己的精彩，找到属于自己的那片天空。

破解认同陷阱，摆脱求认可的枷锁

人这一生很短，怎样活要掌握在自己手中，如果自身的一切都由外界来影响，那么，就没有自己真正的生活。那如何能做到把自己放在首位，摆脱"只有被认可，自己才有价值"的思想？下面的一些小方法不妨试一试。

首先，强化自我认知：深入了解自己的价值观、兴趣和能力，建立坚实的自我认同。通过反思和自我探索，认清自己的独特性和优势，不再过度依赖外界的评价来定义自己。

其次，关注内在需求：将注意力从外界的评价转移到内在的需求和感受上。关注自己的成长和进步，而不是过分在意他人的看法。通过满足自己的内在需求，找到真正的幸福和满足感。树立自信，培养自信心，相信自己的能力和价值。通过积极肯定自己的成就和进步，逐渐摆脱对他人认可的依赖，建立起内在的自信。

再次，建立健康的人际关系：与那些真正支持和理解自己的人建立深厚的友谊。避免过分迎合他人的期望，而是寻找那些能够接纳和欣赏你的人。

最后，设定个人目标并去追求：为自己设定明确的目标，并专注于实现这些目标。通过追求自己的梦想和兴趣，展示自己的价值和能力，从而获得真正的认同感和成就感。

这些方法有助于我们破解认同陷阱，摆脱求认可的枷锁，建立健康、独立的自我认同。

画重点

1.强化自我认知，不过度依赖外界。

2.关注内在需求，培养自信心。

3.建立健康的人际关系，寻找欣赏你的人。

身份焦虑，为何不敢做真实的自己

害怕自己的个性不被理解、害怕真实的自己无法得到他人的接受、害怕与众不同、害怕被他人议论和评判，于是，人们被各种身份标签束缚着，不敢轻易展现真实的自己，变得虚伪、矛盾，甚至开始怀疑自己的价值和意义。

"去做电商，以前一起做生意的人怎么看我啊？不会以为我破产了吧？"

"上学时我还是班长呢，现在让我去卖货，我受不了。"

身份的意义到底是什么？它只是自己想出来的，自己在别人眼里的标签。这些所谓的身份，让人们失去了真正的自我，更限制了人们的思维，束缚了人们的行动，使人们无法真正地认识自己、理解自己。

身份焦虑的背后，是人们对自我认同的迷茫和不安。人们只有正视这份因为身份而产生的焦虑，敢于展示真实的自己，才能获得内心的真正自由和解脱。

身份之困，为何难寻真实自我？

叔本华说身份如同枷锁，束缚了我们的灵魂，使我们变成了社会的奴隶。现今很多人宁愿隐藏起内心的真实想法和感受，选择迎合他人的期望和标准。以期能够达到某种社会身份，从而逆天改命，颠覆生活。不断渴望得到他人的认可和接纳，过高期待未知的成果，却忽略了内心真正的需求和渴望。

楚楚原来是企业高管，但是因为 38 岁了，很难再有企业愿意聘用她。于是，朋友建议她降低要求做个经理还是绰绰有余的，但是楚楚觉得做高管十几年了，把职位降下去很没面子。事实上，她每个月还贷压力非常大，但她宁愿还贷时东挪西凑，焦虑到掉头发，也不愿意把职位降下来去求职。

从心理学的角度来看，身份焦虑本质上源于个体对自我价值的担忧和不确定性，这种不确定性很大程度上取决于他人的看法和评价。在社交互动中，人们往往会根据他人的反馈来调整自己的行为和态度，以期望获得他人的认可和尊重。然而，当这种认可与内心期望产生冲突时，人们可能会陷入身份焦虑的困境中。

就像楚楚一样，社会文化的影响导致身份焦虑，因为身份往往与地位、财富、成就等外在因素紧密相连。人们往往通过追求这些外在因素来提升自己的身份认同感。然而，这种追求往往会导致我们忽视内心的真实需求和感受，逐渐失去自我。

个体的心理防御机制有时会不经意地增强身份认同方面的焦虑。面对身份认同的挑战时，人们可能会动用心理防御策略来缓解焦虑感。举例来说，他们可能会否认内心真实的感受，或者通过模仿他人来寻求一种临时的安全感。这类防御行为虽然能够短暂地减轻焦虑，但通常无法从根本上解决问题。

自我认同是一个既复杂又不断变化的过程，它要求个人将自己的认知、情感和价值观融合成一个协调的整体。一旦身份焦虑出现，它可能会扰乱自我认同的过程，使个人难以清晰地了解自己，甚至可能导致失去自我。要应对这种情况，重要的是认识到临时的防御机制并非长久之计，而是应致力于通过自我探索和自我接纳来建立更加稳固和真实的自我认同，从而实现内心的和谐与安宁。

做真实自我，让身份焦虑障碍消失

身份焦虑导致丢失自我是一个复杂的心理过程。它涉及个体对自我价值的担忧、社会文化的影响、心理防御机制的作用以及自我认同的干扰等多个方面。因此，需要从多个角度来理解和应对身份焦虑，以帮助人们找回真正的自我。

让我们勇敢地面对身份焦虑，敢于做真实的自己，追寻内心的自由和幸福。相信只要我们努力前行，就一定能够找到属于自己的那片天空。

那么，如何摆脱身份焦虑，勇敢地做真实的自己呢？

首先，克制物质欲望。有些人一夜暴富的想法，快速改变命运的梦幻，实际上是整个大环境侧面引发的，能够达到财富高峰的人本来就是少数。大部分普通人，要想过好自己的生活，克制对物质欲望的过度追求是根本。

其次，学会认清自己。能够克服身份焦虑的最佳方式，就是诚实。用真实的自己示人。这一点其实挺难的，看清他人的毛病很容易，但是想要将不完美的自己呈现给他人，表达自己的观点和感受，这对每个人来讲都有一定挑战性。

最后，复盘与反思，深入了解自己的内心世界，找到自己的真正需求和渴望。同时，我们还需要学会接受他人的不同意见和看法，从中汲取有益的建议，进一步完善自己。

画重点

1. 克制物质欲望。

2. 学会认清真实的自己，勇于表达自己。

3. 复盘与反思，探寻自己的内心世界。

4. 找到自己真正的需求，汲取他人不同的意见。

"别人说"的毒药：摆脱外界评价的困扰

在人生的舞台上，人们会不可避免地受到他人的评价。这些评价，如同无形的毒药，悄然侵蚀着大家的内心，令人在追寻自我的路上迷失方向。

"我总是在意别人怎么看我，仿佛他们的评价定义了我的价值。"

"我的漂亮好像都是大家说出来的，如果有人说我不漂亮，我就大受打击。"

"别人夸我的孩子我才觉得孩子好，没人夸我就觉得孩子怎么好像哪里都差一样。"

在生活中，应该常遇到这样的声音，比如，在工作中，可能因为同事的一句批评而沮丧不已，甚至开始怀疑自己的能力；在社交场合，可能因为别人的一句无心之言而陷入深深的自卑。这些看似微不足道的评价，却能在人的心中掀起轩然大波，让人陷入无尽的烦恼。

挣脱"外界眼光"的束缚，追寻自我价值的真谛

在苏格拉底的观念中，他强调"认识你自己"的重要性，他认为真正的智慧在于对自己内心的深刻洞察。包括尼采的"意志至上"理论也为人们提供了启示。尼采认为，人们应该成为自己命运的主宰，而不是被外界的评价所左右。他鼓励追求个体的独特性和创造力，勇敢地表达自己的观点和感受。当大家拥有坚定的意志和信念时，他人的评价自然就显得微不足道了。

　　苏苏是一位年轻的女孩，她因为长相不够出众而倍感压力。每当别人对她的外貌进行评价时，她都感到无比的痛苦。她试图通过化妆来改变自己，但始终无法摆脱这种困扰。她变得越来越自卑，甚至开始逃避与人交往。这个例子让我们看到，过度在意他人评价不仅会影响我们的心理健康，还会让我们失去与他人建立真实关系的能力。

　　小王是一位年轻的创业者，他的创业项目受到了很多人的关注和评价。有人称赞他的勇气和创业精神，也有人质疑他的能力和决策。面对这些评价，小王一度感到迷茫和不安。然而，在深入反思自己的内心需求和价值观后，他明白了自己真正追求的是什么。他坚定地相信自己的项目能够为社会带来价值，于是他勇敢地忽略了那些负面评价，专注于自己的创业梦想。

　　从上面的例子中可以看出，在乎"外界的眼光"会严重影响自我的情绪及价值观。当大家过于在意他人的评价时，不妨停下来，深入反思自己的内心需求。我们只有真正了解自己的需求和追求，才能摆脱对外界评价的过度依赖。

　　从心理学的角度来看，对他人评价的过度在意，往往源于内心的自我认同不足。当对自己的价值、能力和身份感到不确定时，就会更加依赖他人的评价。此外，比较心理也在其中起到了推波助澜的作用。人们总是习惯性地与他人进行比较，从而忽略了自己独特的价值和优点。这种比较心理不仅让很多人感到焦虑，还会令人在追求自我认同的过程中迷失方向。

跨越"别人说"的鸿沟，拥抱真实的自我

　　为了摆脱他人评价对自己的困扰，需要尝试从多个方面入手。

　　首先，我们要学会建立健康的自我认同。大家要认识到，个体的

价值并不取决于他人的评价，而是源于自身的独特性、能力和贡献。要关注自己的内在需求和感受，了解自己的优点和不足，从而建立起一个真实、积极的自我形象。

其次，我们要学会调整自己的心态。要明白他人的评价往往带有主观性和偏见，不能完全依赖他人的评价来定义自己。同时，也要学会区分建设性的批评和无意义的评价，只有那些真正有助于我们成长和进步的批评，才值得我们认真对待。

再次，还要学会提高自己的心理韧性。面对他人的评价，要保持冷静和理智，不要轻易被他人的言语所影响。可以通过积极的自我暗示、寻求支持、培养兴趣爱好等方式来提高自己的心理韧性，从而更好地应对他人的评价。

最后，我们要学会与他人建立真实的关系。要敢于表达自己的想法和感受，同时也要尊重他人的观点和看法。大家要在平等、尊重的基础上与他人进行交流和互动，从而建立起一种健康、和谐的人际关系。

总之，"别人说"的毒药虽然难以避免，但可以通过建立健康的自我认同、调整心态、提高心理韧性和建立真实关系等方式来摆脱。我们要勇敢地面对他人的评价，坚持自己的信念和追求，用真实的自我去迎接生活的挑战和机遇。

画重点

1. 学习建立健康的自我认同，建立真实、积极的自我形象。
2. 学会调整心态，学会区分评价是否具有建设性。
3. 提高心理韧性。
4. 学会搭建真实的关系，既表达自己的感受，也尊重他人的观点。

不要和别人"比惨"，掌握心理平衡的秘诀

生活中，有些人会不知不觉陷入"比惨"的旋涡，似乎通过比较谁更不幸，便能获得一丝安慰。

"你看你还贷款觉得累，我家还有小孩读书，老人生病，全都需要钱，真的和你比起来，感觉我自己的状况更糟了。"

"你老公就只是喝酒，我家那位现在都不回家，还不往回拿钱，和你一比，我这日子更是没法过了。"

"你儿子只是玩游戏，我女儿回家从来不爱写作业，晚上不睡早晨不起，简直了，我觉得你儿子比我女儿听话多了。"

从上面的话语中能看出，生活中这种比较的怪圈往往只会加剧人们内心的焦虑和不平衡。尤其是当面临困境时，"比惨"只会加剧焦虑状况的形成。正如一位心理学家所言："比较是偷走幸福的贼。"因此，大家要学会超越"比惨"的局限，寻找保持心理平衡的真正秘诀。

摆脱"悲惨竞赛"，维护心理稳定之法

小玲是一个热衷于社交媒体的女孩，她经常在朋友圈分享自己的生活点滴。然而，每当她遇到不如意的事情时，她总是习惯性地在社交媒体上发泄情绪，诉说着自己的不幸。起初，她还能得到一些朋友的安慰和支持，但随着时间的推移，她发现越来越多的人开始和她"比惨"，仿佛大家的生活都充满了苦难。小玲感到越来越沮丧，她觉

得自己的生活似乎成了别人眼中的"惨剧"。她不再愿意在社交媒体上分享自己的真实感受，甚至开始怀疑自己的价值。

小明和小李是同事，两人都遭遇了工作上的挫折。小明选择与他人分享自己的遭遇，寻求同情和支持。然而，他很快发现，每当他诉说自己的不幸时，总会有人比他更惨，这让他感到更加沮丧和无助。而小李则选择了不同的方式。他面对困境时，更多的是反思自己的问题，寻找解决之道，而不是去比较谁更惨。因此，小李的心态更为积极，他也更能从困境中走出来。

这两个案例反映了人们在面对困境时的不同心态。对于小玲来说，她需要认识到社交媒体上的信息并不完全真实，很多人可能只是在展示自己生活的一部分。她应该学会区分真实与虚假，不被他人的"惨剧"所影响。同时，她可以寻找更健康的宣泄情绪的方式，如与朋友面对面交流、进行运动或培养兴趣爱好等。此外，她还可以尝试调整自己的心态，将困境视为成长的机会，以更积极的方式面对生活。

从心理学角度来看，"比惨"现象实际上是一种消极的心理防御机制。当人们面临困境时，为了缓解内心的焦虑和压力，往往会选择与他人比较，通过寻找比自己更不幸的人来获得一种暂时的心理安慰。然而，这种比较并不会真正解决问题，反而可能加剧内心的不平衡感。

此外，根据社会比较理论，人们往往倾向于将自己与他人进行比较，从而评估自己的价值和地位。这种比较过程往往导致人们忽视自己的优点和成就，过分关注他人的缺点和不幸，进而产生不必要的焦虑和不满。

而小明与小李面对困境陷入了"比惨"的生活现状，小明的做法只会让他更加焦虑和不平衡，而小李则选择了面对现实，通过自我反思和积极行动来应对困境，从而保持了内心的平和与稳定。面对困境，不同的做法，实际上会带来不同的结果。

拒绝"悲惨比拼"，构建自我平衡之术

"比惨"心态的负面影响，不仅会让人们陷入消极的情绪中，还可能影响人际关系和工作表现，非常得不偿失。因此，要学会拒绝"比惨"，重塑健康行为，不被认知局限。

首先，不断进行自爱练习，它能有效抵御比惨的侵袭。在这样的练习中，能够拥有对人的根本价值的尊重，边界感清晰。只有先爱自己，才能清楚真实的自己是什么样子，才不需要看谁比自己更惨，来寻求心理上的安慰。

其次，要留意自己的逃避心理。这一点很关键，因为反思本来是一件好事，但是，遇到挫折后的复盘，很可能降低自我价值的评估，要观察和体会这些逃避心理，这样的心思一旦产生，焦虑会更加严重。

最后，要能见得别人好。"比惨"最令人觉得病态的地方就是见不得别人好。在这样的环境中，最初通过对比没那么惨的人会觉得心理舒服一点，但是，真的觉得自己很差的人，时间久了思维会更加偏激与狭隘。别人好是别人的事，祝福就好，这和自己的生活无关，以这样的心态来面对此事，才能在日常生活中减少焦虑，更加轻松。

画重点

1. 坚持自爱的刻意练习。
2. 尊重人的价值，边界清晰，不通过别人惨来安慰自己。
3. 留意反思时的逃避心理，保护好自己的精神内核。
4. 别人好，祝福就行，过好自己的日子。

真实的人生，无需追求所谓"高大上"

托尔斯泰说："人生的价值，并不是用时间，而是用深度去衡量。"在这个充斥着各种"高大上"标签的时代，很多人似乎总是在追求着一种完美的生活状态。

你是否也曾陷入到一种想象当中，想拥有一柜子的名牌包、想要说走就走的旅行……这种令人艳羡的人生，毕竟是少数人的，大部分的人生都是平淡的。其实过分追求所谓的"高大上"，只会令人产生得不到的失落感，真实的人生，就在我们平凡而真实的每一天中。

撕掉"高大上"的标签，拥抱真实的自我

真正的人生并非总是光鲜亮丽，它包含着挫折、失败、平凡甚至是苦涩。当你习惯于用外在的成就和标签来衡量自己的人生价值，就会忽略内心的成长。

王浩是一个刚刚步入职场的年轻人，他总是渴望在职场上快速取得一番成就，就像电视里的那些开跑车住别墅成功人士一样。为此，他经常加班，力求完美地完成每一项工作。然而，这种过度的追求让他身心俱疲，时间一久，他开始怀疑自己的能力和价值。他的生活似乎被"高大上"的枷锁所束缚，失去了原本的自由和快乐。

而小李则选择了不同的人生道路。他并不追求外在的成就和标签，而是专注于自己的兴趣和热爱。他喜欢阅读、旅行和摄影，这些活动让他感受到了生活的美好和丰富。虽然他的生活看似平凡，但他

却从中找到了真正的快乐和满足。他的内心充满了宁静和力量，因为他知道，真正的人生并不在于他人的赞美和标签，而在于自己的体验和感受。

这两个案例让人不禁思考：为什么大家会如此执着于追求"高大上"的生活呢？这背后其实隐藏着一种深层次的心理机制——对认同和归属感的渴望。我们希望通过追求外在的成就和标签来获得他人的认可和赞美，从而证明自己的价值和存在的意义。然而，这种追求往往是徒劳的，因为它建立在他人评价的基础上，而不是我们自己的内心需求。

心理学中有一个著名的实验叫作"巴甫洛夫的狗"，它揭示了条件反射对人类行为的影响。就像那些狗被铃声刺激而分泌唾液一样，我们往往也被他人的评价和期待所影响，进而调整自己的行为。但真正的成长和自我实现，应该是基于自己对内在需求的认知，而不是外在的评价和期待。

放下"高大上"的包袱，回归生活的本质，过真实的人生

那么，如何才能摆脱"高大上"的束缚，回归真实的人生呢？

首先，要重新认识自己，了解自己的内心需求和价值观。学会倾听自己内心的声音，而不是盲目追求他人的认可和赞美。同时，也要学会接受自己的不完美和平凡，因为这才是真实的人生。

其次，通过培养内在的兴趣和爱好来丰富自己的生活。这些兴趣和爱好不仅可以让大家在忙碌的生活中找到乐趣和放松，还可以帮助人们建立更加深入和真实的自我认知。当真正投入到自己喜欢的事情中时，你会感受到一种内在的满足和喜悦，这种感受是任何外在的标签和成就都无法替代的。

最后，珍惜每一天，活在当下。真实的人生并不需要追求所谓的"高大上"。大家应该珍惜自己的平凡，用心去感受生活的每一个瞬间。只有这样，才能找到真正属于自己的幸福。

从这一刻起，一起撕掉"高大上"的标签，拥抱真实的自我吧！

画重点

1. 重新认识自己，倾听内心的声音，接受平凡。

2. 培养内在兴趣，丰富生活。

3. 活在当下，珍惜每一天。

4. 回归真实的世界，过现实的生活。

摆脱期待的桎梏，活出与众不同的人生

人生就像一场马拉松，每个人都想在这场比赛中寻找自己的节奏和方向。然而，在这场比赛中，常常背负着各种期待，如同背负着沉重的包袱，无法轻松前行。这些期待或许来自家人、朋友、社会，它们像无形的枷锁，束缚着你的思想和行动。这些期待也可能来自家庭、社会，甚至是我们内心深处的恐惧和不安。它们像一道道无形的桎梏，限制着你的思维和行动，让你无法自由地追求自己想要的生活。

超越外界束缚，活出自我风采

网上有句话这样讲："人是自己命运的主宰。"但现实生活中，你却常常在他人期待的目光中迷失了方向。

小李就是一个典型的例子。他从小就被父母寄予厚望，希望他能够成为一名医生或律师。然而，小李却对艺术有着浓厚的兴趣，他梦想着成为一名画家。面对父母的期待和外界的压力，小李不得不放弃自己的梦想，选择了一条并不喜欢的道路。虽然他在学业上取得了不错的成绩，但他的内心却充满了迷茫和痛苦。

小王，是一个性格开朗、热爱运动的年轻人。然而，由于身材偏胖，他常常受到周围人的嘲笑和讽刺。这些负面评价让小王开始怀疑自己的价值，他渐渐变得自卑和沉默。为了迎合他人的期待，他开始尝试减肥，但效果并不理想。这不仅让小王感到更加沮丧，还让他陷入了无尽的焦虑和自我怀疑之中。

这两个案例都揭示了期待对个体成长的负面影响。当我们的行为和选择受到他人的期待和评价所左右时，我们就会失去自主性和创造力，变得随波逐流、失去自我。而真正的成长和自我实现应该是基于对自己内在需求的认知，而不是他人的评价和期待。

心理学家阿德勒曾提出"生命任务"的概念，他认为每个人都有自己独特的生命任务，即根据自己的天赋和兴趣去创造属于自己的生活。然而，在现实生活中，人们往往被各种期待所束缚，无法真正地追寻自己的生命任务。这些期待可能来自家庭、社会、朋友，甚至是我们自己内心深处的恐惧和不安。

挣脱既定框架，创造不凡人生

要摆脱这些期待的桎梏，就要尝试一些小窍门。

首先，认识到期待这种现象的存在。很多时候，人们之所以无法摆脱期待，是因为并没有意识到它们正在影响着自己的生活。因此，静下心来反思自己的行为和选择，找出那些影响你的期待并勇敢地面对它们。

其次，需要学会拒绝那些不符合自己内心需求的期待。这并不意味着你要完全无视他人的意见和建议，而是要根据自己的实际情况和价值观来判断哪些期待是值得追求的，哪些是需要放弃的。同时，也要学会与他人沟通，让他们了解你的真实想法和感受，从而得到他们的理解和支持。

最后，需要坚定自己的信念和追求。无论外界如何评价你、期待你成为什么样的人，你都要相信自己的能力和价值，坚持走自己的路。只有这样，你才能真正地摆脱期待的桎梏，活出与众不同的人生。

人生是一场旅行，每个人都是这场旅行的主角。勇敢地去摆脱期待的桎梏，追寻自己的梦想，记住，真正的幸福和满足来自内心的认同和自我实现，而不是外界的评价和期待。所以，让大家一起努力，活出真正属于自己的人生吧！

画重点

1. 认识到被期待这件事，影响了自己的生活。

2. 学会对不符合内心需求的期待说"不"！

3. 坚定自己的信念和追求。

4. 活成自己想成为的人，而不是别人想让你成为的人。

第八章

断舍离：学会舍得与放弃

你是否也常感到一种沉重的压力，焦虑到几乎无法呼吸？无形的焦虑似乎成了束缚我们的网，让我们挣扎却难以脱身。想想乔布斯的那句名言："你的时间有限，所以不要浪费时间活在别人的生活里。不要被他人的意见淹没了自己内心的声音。"确实，为何要让焦虑成为阻碍自己生活的枷锁呢？

　　焦虑犹如一个狡猾的小偷，偷偷摸摸地窃取我们的快乐，让我们在不断的忙碌中丢失了自我。但你是否知道？焦虑本身并不是那么可怕，真正可怕的是我们不敢正视它，不敢和它告别。

　　现在，是时候进行一次对"焦虑"的断舍离了！让我们共同卸下那些不必要的担忧，学会舍得与放弃。

金钱焦虑，即使月薪十万也无法摆脱

在这个物质条件越来越好但精神焦虑的时代，对金钱的焦虑仿佛成了许多人难以挣脱的束缚。即使月入十万，仍有人无法完全摆脱对金钱的担忧和恐惧。就像古希腊哲学家伊壁鸠鲁所说："能够带来幸福的不是财富本身，而是我们对于财富的心态。"

"工资涨到十万那一年，我最怕失业，因为各种贷款，小孩儿的留学费用，全部像是巨大的空缺。"

"十万一个月根本不够，房贷就要几万块，家里开销几万块，万一老人孩子病了，根本就没有钱看，太烦了。"

当听到这样的话，你是否和我一样感到惊讶？这正是金钱焦虑的真实写照。它不仅仅关乎对金钱数量的追求，更深层次地体现了人们对金钱所赋予的安全感和自由度的向往。心理学家指出，金钱焦虑通常根植于人们对自我价值的过度关联，以及对未来不可预知性的恐惧。

直面金钱焦虑，月薪十万不是终点而是起点

在现实生活中，不难找到金钱焦虑的影子。因为生活中处处需要用钱，想给孩子更好的教育，想开更好的车，想住更大的房子，处处都离不开金钱。

张先生，他是一位成功的企业高管，月薪远超十万，但他却常常感到焦虑不安。他担心自己的收入无法应对未来的各种不确定因素，

比如子女教育、老人养老等。这种焦虑导致他无法真正享受生活的乐趣，甚至影响了他的工作表现，最主要是他非常害怕失去这一切。

李女士，她是一名电商工作者，工作自由，令很多人十分羡慕。她就是那种女生们想要成为的成功女性，但她实际的生活状态却是经常为钱发愁。她担心自己一旦失去工作，就无法维持现有的生活水平，因为自己衣食住行成本都非常高，用的东西名贵，必须用高收入才能维持这些日常开支。这种对金钱的不安全感让她始终处于一种紧张状态，无法放松。

从心理学的角度来看，金钱焦虑是一种典型的心理现象。它源于人们对自我价值的过度依赖，认为金钱是衡量自己价值的重要标准。同时，对未来的不确定性也让人们感到恐惧和不安。这种恐惧和不安会进一步加剧金钱焦虑的程度。此外，心理学上的"稀缺心态"也解释了为什么有些人即便拥有足够的财富，也会感到焦虑和不安。"稀缺心态"让人们总觉得资源不足，从而无法享受真正的自由和满足。

突破金钱焦虑，积极寻求心灵自由

那么，如何摆脱金钱焦虑的困扰呢？

首先，你需要调整对金钱的态度。金钱确实是生活中的重要组成部分，但它并不是衡量个人价值的唯一标准。你应该认识到自己的价值不仅仅体现在金钱上，还包括个人的能力、品德和人际关系等方面。

其次，需要学会合理规划和管理自己的财务。通过制定预算、储蓄和投资等方式，可以更好地掌控自己的经济状况，从而减少对未来的担忧和恐惧。此外，还可以通过培养自己的兴趣爱好、拓展社交圈子等方式来丰富自己的生活，让自己不再过分依赖用金钱去寻找幸福和满足感。

最后，需要认识到金钱焦虑是一种普遍存在的心理现象，而且它并不是无法克服的。通过调整心态、合理规划财务以及寻求社会支持等方式，人们可以逐渐摆脱金钱焦虑的困扰，享受更加自由、幸福的生活。

正如一位智者所说："幸福不在于拥有多少，而在于满足多少。"让大家学会珍惜当下、感恩生活，用一颗平和的心态去面对金钱的挑战和诱惑。

金钱焦虑是一个复杂而普遍的问题，它不仅仅关乎金钱本身，更关乎人们对生活的态度和观念。通过深入了解金钱焦虑的根源和表现，才可以找到有效的解决方法，让自己摆脱金钱的束缚，追求真正的幸福和自由。在这个充满变化和挑战的时代，让我们以更加开放和包容的心态去面对金钱焦虑，创造更加美好的未来。

画重点

1. 调整对金钱的态度，它不是衡量每个人价值的唯一标准。

2. 学会管理和规划自己的财务。

3. 拓展社交圈丰富精神生活。

4. 认识到金钱焦虑是普通现象，能够克服。

5. 感恩生活，金钱是为了让生活更好，但不要为金钱而生活。

过度努力，带来的不是真正的满足

在这个快节奏的时代，人们常常被灌输着"努力就能成功"的观念，仿佛只有通过不懈的努力和拼搏，才能获得生活的满足和幸福。然而，过度努力是否真的能给人内心带来满足吗？如同古希腊哲学家亚里士多德所言："幸福是最终的目标，而不是通过努力获得的手段。"过度努力，有时反而会让自己陷入一种心灵的空洞，失去真正的满足。

杨丽是一位职场新人，自从进入公司以来，就一直是办公室的"劳动模范"，她每天加班到深夜，周末也几乎不休息，总是忙碌于各种工作任务。然而，尽管她的工作成绩斐然，她却总是感到内心空虚和不满。她发现，无论她多么努力，似乎总有一种无法填补的空虚感萦绕在心头。她开始怀疑，是不是自己的努力方式出了问题？

赵强是一名学生。他一直是个学霸，对待学习总是全力以赴，甚至牺牲了自己的休息和娱乐时间。然而，当他终于考上心仪的大学时，却并没有感受到预期的喜悦和满足。相反，他感到一种深深的失落和迷茫。他开始反思，是不是自己过于追求成绩和成功，而忽略了生活的其他美好？

从心理学的角度来看，这两个案例都涉及了"过度努力"与"内心满足"之间的关系。"过度努力"往往源于对成功的过度追求和对自我价值的过度依赖。当你把自己的价值和幸福感完全建立在外部成就上时，就容易陷入一种"永远不够"的困境。总是在不断追求更多的成功和认可，却忽略了内心的真正需求。这种追求不仅让自己身心疲惫，还可能导致个人对生活的真正意义产生迷茫。

此外，心理学上的"适应性偏见"也能解释为什么"过度努力"会带来不满足感。当你通过努力获得某种成就时，初期的喜悦和满足感会逐渐减弱，因为你的大脑会适应这种新的状态。这意味着，无论自己取得多大的成功，如果没有内心的满足和平衡，那种短暂的喜悦很快就会消失。

避免过度拼搏背后的心灵空洞，让内心满足回归正位

人们要怎样才能摆脱过度努力带来的不满足呢？

首先，需要重新审视自己的价值观和追求。成功和成就固然重要，但它们并不是衡量你价值的唯一标准。每个人都应该学会关注自己内心的需求，寻找真正让自己感到满足和快乐的事物。

其次，可以尝试建立一种更加平衡的生活方式。努力工作是必要的，但也应该给自己留出足够的休息和娱乐时间。这样，才能在努力与放松之间找到最佳的平衡点，实现真正的内心满足。

最后，还应该学会欣赏生活中的每一个瞬间。过度努力往往让你忽略了身边的美好和幸福。当你学会放慢脚步，用心去感受生活的点滴时，就会发现原来生活中充满了许多值得珍惜和感激的事物。这些美好的瞬间和体验，才是你内心真正需要的满足和幸福。

要明白，真正的满足并非来自外在的成就和认可，而是源于内心的平和与喜悦。当你学会放下过度的追求和努力，用心去体验和感受生活的美好时，就会发现真正的满足其实一直都在自己心中。

画重点

1.重新寻找令自己快乐和满足的事。

2.建立平衡的生活方式，工作和休息都要实现。

3.珍惜生活中的每一个瞬间。

4.学会放慢脚步，感受身边的美好。

5.精神满足才能令人生不迷茫。

不必勉强自己，学会与岁月和解

莎士比亚说："人生最大的痛苦在于过于执着。"

"今年再考研就是第三年了，如果再考不上，就感觉看不到人生的希望了。"

"谈了三个女朋友了，还是结不了婚，是不是这辈子注定没机会成个家了。"

"都打了十多年的工了，但是还是买不起房，这辈子估计想有个自己的窝是很难了。"

在人生漫长的旅途中，人们常常因社会的期望和个人的欲求而不停地追逐和奋斗。在这一过程中，内心真实的声音和生活的节奏往往被忽视。然而，一旦你学会释放执着，不再强迫自己去适应，而是和岁月和平相处，就会发现内心的宁静与力量。

放下执念，与时光和解，接纳生活的每一个阶段

人们常常明白生活中的道理，却往往不愿正视自己与人与事的争执与竞争。在现代社会，被视为"硬气"的行为有时并非贬义，反而可能吸引不少关注。然而，这种对抗真的有价值吗？在很多人眼中，妥协似乎等同于软弱，好像只有无能的人才会选择退让和妥协。但事实真是如此吗？在有限的人生中，如果总是与命运抗争，就可能无暇体验生活的每一个瞬间和阶段。

李女士，她年轻时是一名出色的舞者，但随着年龄的增长，她的身体逐渐无法承受高强度的训练。然而，她不愿接受这一事实，依然

勉强自己进行训练，结果导致身体受伤，不得不放弃舞蹈。在经历了一段时间的沮丧和迷茫后，她开始学习绘画，并发现自己在新的领域也能找到快乐和成就感。

张先生一直以来都是一个工作狂，为了事业的成功不断牺牲自己的健康和家庭。然而，在一次体检中，他被诊断出患有严重的疾病。面对这一打击，他开始反思自己的生活方式，并逐渐学会放慢脚步，珍惜与家人和朋友相处的时光。他开始尝试与岁月和解，接受自己的不完美和局限性。通过这一转变，他不仅改善了健康状况，还收获了更多的幸福和满足感。

从心理学的角度来看，这两个案例都涉及"自我接纳"和"心理弹性"的概念。"自我接纳"是指个体能够客观地看待自己的优点和缺点，并接受自己的全部；而"心理弹性"则是指个体在面对挫折和困难时能够迅速恢复并找到新的平衡点的能力。当你学会不再勉强自己，而是接纳自己的不完美和局限性时，你便能够增强"心理弹性"，更好地应对生活中的挑战。

此外，心理学上的"自我决定理论"也能为大家提供有益的启示。这一理论认为，个体的内在动机和自主性对于幸福感和满足感至关重要。当你根据自己的内在需求和价值观来做出选择时，你便能感受到更多的幸福和满足。因此，不必勉强自己去迎合外界的期待或标准，而是应该倾听内心的声音，做出符合自己内在动机的选择。

从容面对岁月，寻找内心的平和与宁静

那么，如何做到与岁月和解，不再勉强自己呢？

首先，不必事事追求理想的结果。理想的结果本身就是预设出来的，中间出了叉路，也是常态，人生终究充满变化。浩瀚的宇宙都是缥缈不定的，人这短短的一生更是如此。

其次，学会妥协和适度"将就"。年轻人最不喜欢的就是将就，恋爱不将就，工作不将就，然后把时间全部放在内耗上了，多做事，少挑剔，才是通往目标的优质路径。

最后，把自己变成自己喜欢的样子，不改变他人。网上流传着不改变他人因果这样的说法，别人的生活少去干涉，过好自己，只要把自己变成自己喜欢的样子就可以了，别人怎样，和你无关。

在这个过程中，我们还可以借鉴一些心理学上的方法和技巧。例如，正念冥想可以帮助你更好地关注当下的感受和需求；自我同情则可以让你更加宽容地对待自己的不足和失败；而感恩练习则能让我们更加珍视生活中的美好时光和人际关系。

总之，不必勉强自己，学会与岁月和解是一种智慧的选择。通过自我接纳、心理弹性和内在动机的培养，我们能够找到内心的宁静和力量，并享受每一个当下的美好。让大家放下执念，拥抱自我，与时光和解吧！

画重点

1. 不必事事追求理想结果，尽力做就好。

2. 学着妥协与适度"将就"，多做事，少挑剔，是减少内耗的优选路径。

3. 把自己变成自己喜欢的样子，他人自便。

4. 学习正念冥想、自我同情、感恩练习。

逃离"北上广",却未逃脱焦虑之网

多年以前,一张逃离北京的车票在网上疯传起来,于是慢慢的逃离一线城市"北上广"成为缓解压力的代名词。在快节奏的现代社会中,逃离"北上广"等一线城市成为许多人追求心灵宁静的选择。他们渴望通过远离繁华与喧嚣,找到内心的平和与满足。但事实却并非如此。

"明明离开了北京,却依然有新的烦恼,被催婚反而更加严重了。"

"都不在上海了,还哪来的焦虑嘛?"

"离开了深圳,一点也没变轻松。"

这些现象,正如古人所言:"心之所在,即是故乡。"真正的安宁并非来自外在环境的改变,而是源于内心的平和与自洽。许多人在逃离"北上广"后,依然未能逃脱焦虑之网,这其中的原因值得深思。

逃离城市喧嚣,内心不安依旧

近几年的特殊情况让不少人选择离开"北上广"等大城市,回归家乡。然而,回到乡村后发现不适应的人也不在少数,于是又掀起一股重返大都市的潮流。许多人在网上发帖称,尽管面临挑战,但大城市的机会更多,更适合谋生。因此,一个人的价值在哪里得以实现,那个地方就是他的生活舞台。这说明,逃离城市的喧嚣并不是解决焦虑的唯一途径。

张科曾是一名在北京工作的白领，面对高强度的工作压力和竞争激烈的职场环境，他感到心力交瘁。于是，他选择了离开北京，前往一个风景优美的小镇生活。然而，即使身处宁静的环境中，他仍然感到焦虑不安。他担心自己的职业发展受限，担心无法适应新的生活方式，这些担忧让他的内心无法得到真正的放松。

李术是一名在上海打拼多年的创业者，他在事业上取得了一定的成就，但生活的压力和城市的喧嚣让他感到疲惫不堪。为了寻求内心的平静，他选择了离开上海，前往一个偏远的乡村居住。然而，即使远离了城市的喧嚣，他的焦虑情绪并未得到缓解。他仍然担心自己的事业前景，担心无法融入当地的生活，这些担忧让他的内心无法得到真正的安宁。

心理学视角下的分析表明，个体在环境变化面前常会遭遇适应困难和焦虑情绪。张科与李术，他们在离开北上广之后的焦虑，可以归因于"适应不良"。这是因为即使他们改变了居住环境，内心的不安和恐惧却并未随之消散。而"认知失调"理论则有助于我们理解他们焦虑情绪的根源：在新环境中遇到的挑战与不确定性可能导致他们的现实认知与内在期望出现冲突，从而引发焦虑。

同时，社会心理学的"比较心理"也是加剧焦虑的一个因素。尽管张科和李术已经离开了大城市的生活，但他们还会不自觉地将自己现在的状态与过去以及他人的成就相比较，这样的比较往往会引起对自我的不满和进一步的焦虑。

远离繁华，不是解开焦虑情绪的唯一通路

那么，面对这样的困境，该如何应对并摆脱焦虑之网呢？

首先，需要认识到真正的安宁并非来自外在环境的改变，而是源

于内心的平和与自洽。每个人都要学会调整自己的心态，接受并适应新的生活环境。这包括对新生活的积极期待和接纳，以及对未来可能遇到的挑战做好心理准备。

其次，还可以通过寻找新的生活目标来丰富新的生活内容，让自己在新的环境和团体中找到归属感和成就感。这不仅可以让自己更好地适应新的生活环境，也可以提升个人的生活质量和幸福感。

最后，需要保持一颗平常心，理性看待生活中的变化和挑战。生活中总会有各种不确定性和变化，每个人都要学会面对它们，而不是逃避它们。只有当自己真正接受并拥抱生活中的变化时，才能摆脱焦虑之网，找到内心的安宁与满足。

画重点

1.建立新认知，焦虑并非源自外界环境的改变，而是内心的自洽。

2.寻找新生活、新目标、新群体等。

3.保持平常心，理性看待生活中的变化和挑战。

4.拥抱平常的烟火生活。

别陷入"内卷"陷阱，规划与盲从的微妙平衡

在对"成功"标准的盲目追求中，许多人沉浸于无止境的加班和竞争之中，忽视了对自我发展的规划和内心真正的需求。职场的"内卷"现象日益加剧，导致众多人被卷入盲目效仿和焦虑的循环。

在这场激烈的职场竞争中，找到个人规划与盲目追随之间的平衡至关重要。只有这样，我们才能避开"内卷"的泥潭，最大程度地实现自我价值。

别陷入职场"内卷"陷阱，规划与盲从的微妙平衡

职场"内卷"现象并非一蹴而就，而是在长期的竞争和压力下逐渐形成的。在这个过程中，许多人开始失去自我，盲目追求所谓的"成功"。他们为了升职加薪，不惜牺牲自己的健康和家庭，甚至放弃了自己的兴趣和爱好。然而，这种盲从的行为往往并不能带来真正的成功和幸福，反而会让人陷入更深的焦虑和迷茫。

小张和小李，他们分别是两位职场新人，面对激烈的竞争和不断变化的职场环境，他们选择了不同的应对策略。小张在入职之初就为自己制定了详细的职业规划，他明确了自己的职业目标和发展方向，并在工作中不断学习和提升自己的能力。而小李则选择了盲从，他跟随大流，不断加班、应酬，试图通过模仿别人来获得成功。

然而，随着时间的推移，小张和小李的职业发展却出现了截然不同的结果。小张凭借自己的规划和努力，逐渐在工作中脱颖而出，得

到了上司的认可和赏识，职业道路越走越宽。而小李则陷入了无尽的疲惫和焦虑中，他的工作表现平平，身心俱疲，最终选择了离开这家公司。

从这两个人的职场情况，可以看出规划与盲从对职业发展产生的不同影响。小张通过理性规划，明确了自己的职业方向和发展路径，避免了盲目跟风和无效努力。而小李则陷入了盲从陷阱，他忽略了自我需求，只是机械地模仿别人，最终导致职业发展的挫败和停滞。

从心理学角度来看，盲从行为往往源于个体的从众心理和缺乏自信。在职场中，人们往往容易受到周围环境和他人的影响，产生从众心理。同时，由于缺乏自信和自我认知，个体往往难以坚持自己的选择和判断，容易被他人的意见所左右。这种盲从行为不仅会导致个体在职场中的迷失和焦虑，还会影响整个组织的创新和发展。

盲从陷阱的识别与规避：职场人的自我觉醒

那么，如何在职场中保持规划与盲从之间的微妙平衡呢？

首先，你需要建立自我规划。你要深入了解自己的兴趣、能力和价值观，明确自己的职业目标和发展方向。同时，还要学会制定切实可行的职业规划，并在实践中不断调整和完善。

其次，你需要保持独立思考和判断。在面对职场中的各种信息和选择时，你要保持冷静和理性，不被他人的意见所左右。要根据自己的实际情况和需求做出判断和决策，并勇于承担后果。

最后，你还需要注重自我成长和提升。职场是一个不断变化和发展的环境，我们需要不断学习和提升自己的能力，以适应职场的变化和挑战。

总之，别陷入职场"内卷"陷阱，你需要找到规划与盲从之间的微妙平衡。通过建立自我认知和自我规划、保持独立思考和判断以及注重自我成长和提升，就可以在职场中实现自我价值的最大化，并创造出属于自己的成功人生。让我们一起用理性规划引领职业发展，打破"内卷"桎梏，迎接更加美好的未来。

画重点

1. 建立自我规划，不盲从。

2. 保持独立思考和判断。

3. 坚持进行自我成长与提升。

4. 客观看待自我，令自我价值在职场中最大化。

欲望越大，焦虑越甚

在忙碌的现代社会中，人们渴望成功、追求更高更远的目标。然而，当这种渴望变得过度，它便可能转化为焦虑，束缚人们的心灵。正如古希腊哲学家亚里士多德所言："我们每一个人都是由自己反复的行为所铸造的。因此，优秀不是一次行动，而是一种习惯。"所以，渴望得到的越多，焦虑情绪就越重。

焦虑背后的欲望深渊：探寻渴望的根源

在追求梦想的道路上，一些人因过度的渴望，而陷入焦虑的漩涡。他们迫切地想要实现自己的目标，却因为急于求成而忽略了过程的积累。这种对结果的过度渴望，不仅让他们感到焦虑不安，还可能导致他们在追求中迷失自我。

张乐和李响，他们是一对大学时代的好友，毕业后都怀揣着创业的梦想。张乐为人脚踏实地，从基础做起，一步步地积累经验和资源，从而创业项目逐渐走上正轨。

而李响虽然为人健谈，社交能力很强，但是，他因为非常想快速致富，急于看到成果，所以不断地尝试各种看似能快速成功的方法，他不去抓公司业务，随着时间的推移，因为业务不精，导致公司陷入困境。

从心理学的角度来看，李响的行为是典型的"渴望焦虑"现象。他过度渴望成功，却忽略了成功的本质在于过程的积累。这种对结果的过度关注，导致他的欲望不断膨胀，进而引发焦虑。而焦虑又反过来加剧了他的渴望，形成了一个恶性循环。

此外，在心理学中还有一种"目标梯度效应"，就是当目标越来越接近时，人们的动机水平会随之提高。然而，当目标过于遥远或难以实现时，过高的动机水平可能转化为焦虑和压力。李响正是陷入了这样的困境，他的目标过于宏大且不切实际，导致他的动机水平过高，进而产生了严重的焦虑情绪。而张乐的做法，踏实而循序渐进，只要方向正确，即时修正和调整，就可以逐渐向上而行。

调控欲望，释放焦虑：寻求内心平衡之道

要摆脱"渴望焦虑"的困境，你需要学会调控自己的欲望。

首先，要明确自己的目标是否合理和可行。设定一个既具有挑战性又可实现的目标，可以帮助你保持适度的动机水平，避免过度焦虑。

其次，要注重过程的积累，而不是仅仅关注结果。成功往往需要时间的沉淀和努力的积累，只有脚踏实地地做好每一步，才能逐步接近目标。

最后，要学会接受失败和挫折。在追求梦想的过程中，难免会遇到困难和挫折。要以积极的心态面对它们，从中汲取经验和教训，不断调整自己的策略和方法。

除了调控欲望外，保持积极的心态和乐观的情绪也是非常重要的。当你以积极的心态面对生活中的挑战时，会更容易找到解决问题的方法，从而减轻焦虑感。

总之，"渴望焦虑，欲望越大"是一种不健康的心理状态。要学会调控自己的欲望，注重过程的积累，以积极的心态面对生活中的挑

战。只有这样，才能摆脱焦虑的束缚，实现真正的自我成长和成功。让我们一起以平和的心态追求梦想，用智慧和勇气创造美好的未来。

画重点

1. 时刻检测自己的目标是否合理可行。
2. 注重过程积累，脚踏实地。
3. 学会接受失败和挫折。

坚持的意义：无效的坚持导致迷茫

在追求梦想的道路上，坚持往往被视为通往成功的关键。然而，当坚持变得毫无意义时，它便可能成为一种束缚，让人在迷茫中徘徊。

"真的有点儿坚持不下去了，本来就不喜欢的工作，再做下去真的不知道有什么意义！"

"妈妈给选的男朋友，感觉连朋友都不像，谈了这么多年，也不提结婚，我自己又没感觉，真的不知道坚持下去能不能变好。"

当坚持失去了意义，你不需要执迷不悟，而是要重新审视自己的目标和方向，寻找真正有意义的人生道路。既然感到迷茫，就要重新梳理一下自己的思想，不能迷失在盲从的坚持里。

执迷不悟：无意义坚持的心理剖析

在生活中，因毫无意义的坚持而陷入迷茫的例子很多。他们或许在一份并不喜欢的工作中苦苦挣扎，或许在一段无望的感情中徘徊，或许在追求一个遥不可及的梦想。这些坚持，由于缺乏明确的目标和内在的意义，最终只会导致心灵的疲惫和迷茫。

杜树，他是一名程序员，每天在重复性的工作中度过。尽管他并不喜欢这份工作，但却坚持着，认为只要努力就能获得晋升和更好的待遇。然而，几年过去了，他的工作并没有发生太大的变化，他的内心却越来越迷茫和疲惫。他开始怀疑自己的坚持是否有意义，是否值得继续下去。

李梅，她曾应父母要求进入一家培训机构当绘画老师，尽管她不太喜欢这份工作，但还是坚持工作了多年。然而，她的学生在艺考的过程中，成绩卓越的比例非常少，她开始怀疑自己的才华和能力，包括当初的选择，有时也会想是不是不适合当绘画老师，因而陷入深深的迷茫和失落之中。

从心理学的角度来看，杜树和李梅迷茫源于他们坚持的无意义性。他们都没有明确的目标和内在的动力去驱使自己前进，只是盲目地坚持着。这种无意义的坚持不仅无法带来预期的结果，还会消耗他们的精力和热情，导致心理上的疲惫和迷茫。

有一个心理学概念叫作"目标设定理论"，它强调明确、具体、可衡量的目标对于个体行为的重要性。当坚持缺乏明确的目标时，它就像一艘没有航向的船，在茫茫大海中迷失方向。此外，心理学家还提出了"自我决定理论"，指出个体的内在动机和自主性对于实现目标和获得满足感至关重要。当坚持并非出于内在动机和自主性时，它便失去了意义和价值。

因此，你需要重新审视自己的坚持是否真正有意义。你需要明确自己的目标和方向，找到内在的动力和热情，从而驱使自己前进。当你发现自己的坚持变得毫无意义时，你需要勇敢地做出改变，寻找新的目标和路径。

重塑坚持：寻找有意义的目标与路径

为了摆脱毫无意义的坚持导致的迷茫，你可以采取以下措施帮助自己重塑坚持，寻找到有意义的目标与方法。

首先，深度复盘和反思。明确自己真正想要的是什么，这有助于你找到内在的动力和热情。

其次，你需要降低期望，分解目标，避免过于追求完美和不切实际的结果。你可以将大目标分解为小目标，逐步实现自己的目标。

最后，你需要保持开放的心态和积极的态度，勇于尝试新的事物和接受新的挑战。这有助于你发现新的机会和可能性，找到真正有意义的人生道路。

总之，"坚持的意义"迷失是一种常见的心理现象，它可能导致你在迷茫中徘徊。然而，通过明确目标、调整期望和保持积极态度，你可以重塑"坚持的意义"，找到真正有意义的人生道路，勇敢地面对自己的迷茫和困惑，用智慧和勇气去创造属于自己的精彩人生。

画重点

1. 深度复盘和反思自己，明确自我需求。
2. 降低期望，分解目标，逐步实现目标。
3. 保持开放心态。
4. 勇于尝试新事物，接受新挑战。

繁忙 ≠ 努力，看繁忙背后的真实与虚幻

人们常常将繁忙等同于努力，认为只要不停地忙碌，就能取得成功。然而，这种观念却忽略了真实与虚幻之间的微妙差别。

"哎呀，我真的很忙，公司几乎所有要复印的文件都是我来印。根本没时间去参加提升培训。"

"哪里有时间约会呀，光是选穿哪件衣服，化哪种妆都要几个小时的。"

"在学校真的没有时间，抄不完的笔记，做不完的练习题，还是不太会。"

真正的努力，并非简单地追求繁忙，而是要在繁忙中找寻自己的方向，找到正确的方法，不断精进自己的思维，然后坚持自己的信念，实现自我价值。

繁忙与努力的错位解读

在生活中，不乏将繁忙视作努力的人。他们或许每天忙碌于工作、学习、社交等各种事务，却很少停下来思考自己真正想要的是什么。这种盲目的繁忙，往往让他们陷入了努力的误区，忽视了真实与虚幻的界限。

史秋，是一名职场新人，为了尽快融入团队并获得认可，他每天早出晚归，加班加点地完成工作任务。然而，他的努力并没有得到预期的回报，反而因为过度忙碌而忽略了与同事的沟通和合作，导致

工作效率低下，甚至出现了错误。他的忙碌表象下是努力的误区。他误以为只要足够忙碌，就能证明自己的价值，却忽略了真实努力的内涵。

李沐沐是一名大学生，为了备战即将到来的考试，她每天泡在图书馆里，从早到晚不停地刷题、背书。然而，她的成绩并没有因此而有显著提升，反而因为过度疲劳影响了学习效果。她的困境，同样源于对繁忙与努力之间关系的误解。她认为只要足够努力，就能取得好成绩，却忽视了合理安排时间、调整学习方法的重要性。

这些人反映了一种"繁忙崇拜"的心理现象。在现代社会中，繁忙往往被视为成功和价值的象征，导致人们产生一种错觉，认为只要繁忙就能实现自己的目标。然而，这种错觉却忽略了真实努力的重要性。真实努力并非简单地追求繁忙，而是要在繁忙中保持清醒的头脑，明确自己的目标，制订合理的计划，并付诸实践。

此外，心理学中的"自我控制理论"也为我们解析这一现象提供了依据。该理论认为，个体的自我控制能力是有限的，过度繁忙会消耗这种能力，导致人们在面对诱惑或挑战时更难以做出明智的决策。因此，过度追求繁忙不仅无法带来真正的努力效果，反而可能让你陷入疲惫和迷茫的境地。

回归本真：从繁忙中找寻真正的努力方向

那么，如何在繁忙中找寻真正的努力方向呢？

首先，需要明确自己的真正需求。只有明确了自己的方向，才能避免在繁忙中迷失自我。

其次，需要合理安排时间和任务，避免过度繁忙导致的身心疲惫。在繁忙之余，应该学会放松自己，调整心态，保持积极向上的精神状态。

最后，坚持反思和提升自己的能力和素质，以应对不断变化的环境和挑战。通过不断学习和实践，可以更好地把握自己的命运，实现自我价值。

总之，繁忙并不等同于努力，你需要透过表象看本质，在繁忙中找寻真正的努力方向。只有明确了自己的目标和方向，合理安排时间和任务，不断提升自己的能力和素质，才能在繁忙的现代社会中保持清醒的头脑，实现自我价值。让我们一起勇敢地面对繁忙与挑战，用智慧和勇气创造属于自己的精彩人生。

画重点

1. 明确自己的需求和目标，不盲目努力。
2. 合理安排时间，分散任务。
3. 坚持反思与思维修正。
4. 保持能力与素质的提升是基本。

第九章

自渡：真希望你能好好爱自己

泰戈尔说："世界以痛吻我，我要报之以歌。"

心理健康在现代社会中宝贵如绿洲，细心的呵护是必需的。秘诀隐藏在日常之中——音乐是心灵的清泉，瑜伽是缓释神经的微风，艺术是精神的滋养，而快乐情绪是推散阴霾的阳光。

想象在晨曦微熹时，随着音乐的旋律，人们在瑜伽中呼吸自然，心脏的跳动与周围环境融为一体。午后，艺术的世界成为避风港，让人心灵得到宁静与美的享受。到了黄昏，深呼吸将人们从日常的喧嚣中解脱，带他们回归内心的平和。

在这个充满挑战和机遇的世界里，音乐、瑜伽、艺术和积极情绪是维护心理健康的工具，帮助人们在忙碌中寻找平静，在逆境中找到力量。关键在于要将这些简单却智慧的生活方式融入日常，从而保护内心的绿洲，让健康的生活更加绚丽多彩。

舒缓灵魂的武器：如何用音乐治愈焦虑

著名作曲家贝多芬曾说："音乐是比一切智慧、一切哲学更高的启示，谁能渗透我音乐的意义，便能超脱寻常人无以自拔的苦难。"在喧嚣的世界中，也许你时常感受到焦虑的侵袭，仿佛被无形的压力束缚。然而，有一种神奇的武器，能够穿越心灵的迷雾，为你带来舒缓与安宁，那便是音乐。音乐有着独特的治愈力量，能够触及你内心最柔软的地方，帮助你走出焦虑的困境。

音乐与心灵的对话：治愈焦虑的旋律力量

当你沉浸在音乐的海洋中，那些优美的旋律和动人的音符仿佛化作一股清泉，流淌在你的心田。它们能够平息内心的波澜，让你在喧嚣中找到一片宁静的港湾。无论是古典音乐的深沉与庄重，还是流行音乐的激情与活力，抑或是民族音乐的韵味与独特，都能够为你带来不同的心灵体验。

音乐对于缓解焦虑的疗效不是无端的传言，而是通过在各行各业及不同人群中的广泛应用得到了实践的证实。作为常见并有效的治疗手段之一，音乐疗法已被广泛采纳。

李医生是一位资深的心理医生，她深知焦虑是现代人普遍面临的问题。为了帮助患者缓解焦虑情绪，她尝试将音乐引入心理治疗过程中。在她的诊室里，轻柔的音乐伴随着温馨的氛围，让患者在接受治疗的同时感受到心灵的抚慰。李医生会根据患者的不同情况，选择适合的音乐曲目，通过音乐的旋律和节奏来引导患者调整呼吸、放松身心。经过一段时间的治疗，许多患者都表示他们的焦虑情绪得到了明显的缓解，心情也变得更加愉悦和轻松。

张老师是一位小学音乐教师，她发现许多学生在面对学习压力和人际关系问题时表现出焦虑情绪。为了帮助学生走出困境，张老师在课堂上引入了音乐教学。她通过教授学生演奏乐器、合唱歌曲等方式，让他们在音乐中找到快乐和自信。在音乐的陪伴下，学生们逐渐学会了如何表达自己的情感、如何与他人沟通合作，他们的焦虑情绪也得到了有效的缓解。

在不同的行业和群体中，音乐治愈焦虑都能体现出神奇力量。那么，从心理学的角度来看，音乐究竟是如何发挥作用的呢？

心理学研究表明，音乐能够影响人们的情绪和心理状态。当人听到喜欢的音乐时，大脑会释放出多巴胺等神经递质，这些物质能够让身心感到愉悦和放松。大家都明白，声音是由振动产生的，人体本身也是在很多振动系统下构成的，包括胃肠蠕动、心脏跳动、脉搏跳动等等。

振动时会产生对应的声压与频率，而音乐作为一种有节奏、有规律的振动与人体的振动产生了共振时，就会刺激人体分泌生理活性物质，使人体血液流动与神经系统稳定，降低人从肌肉到细胞的紧张感，从而达到改善情绪、振奋精神的目的，人随着身体的变化就会产生积极的情绪。

此外，不同的音乐还能够帮助人调整呼吸和心率，缓解紧张和焦虑情绪。在音乐的作用下，注意力也会得到转移，从而减轻对焦虑源的关注。

音乐不仅可以塑造情绪，还能激发共鸣与唤起回忆，进而疗愈心灵。众多经典乐曲蕴含丰富的情感与深邃的哲思，触动听者内心，引发力量与勇气。同时，音乐还能唤醒对过往美好时光的记忆，带来温馨与希冀的感受。

跨越行业的治愈之声：音乐如何助力心灵疗愈

心理健康日益受到关注，音乐作为一种心灵疗愈的手段，对于轻度焦虑的人群而言是一个明智的选择。

首先，跟唱可以代谢负面情绪。在情绪低落时，积极的音乐往往促使人们跟唱，通过这种方式可以释放压抑的情绪，达到内心平静。

其次，运用音乐提高情绪或帮助睡眠。如果情绪不高，也可以找令人振奋的音乐，从而获得力量，增强信心和振奋精神。比如很多学校现在推出了课前一支歌，让孩子们在上课前先用音乐为自己提神鼓劲儿。课堂上朗读令人感动的课文时，运用悲伤的背景音乐，以达到渲染气氛的作用。如果想要帮助睡眠，一定注意选的音乐是优美舒缓的。并且不要一直播放，不然反而会干扰睡眠，也尽量不选带歌词的音乐，以免因为曲调的变化把人从睡梦中吵醒。

最后，也可以尝试参加一些音乐活动或课程，学一样乐器，或参加一些音乐表演团体等，与他人分享音乐的力量和快乐。相信在音乐的陪伴下，你一定能够走出焦虑的困境，迎接更加美好的未来。

音乐虽然具有强大的治愈力量，但它并非万能的。对于严重的焦虑问题，还需要寻求专业的心理治疗和医学帮助。同时，也要保持积极和乐观的生活态度，用爱和勇气去面对生活中的挑战和困难。只有这样，我们才能真正实现内心的平和与安宁。

画重点

1. 用跟唱的方式，代谢不良情绪。

2. 运用音乐把低落的情绪赶走，提升精神。

3. 运用音乐帮助睡眠。

4. 学一样乐器。

5. 参加音乐团体或课程。

大脑重置：探索冥想对焦虑的神奇疗效

卡内基梅隆大学的研究员们有个发现：在承担相同任务的前提下，连续 3 天，每天进行 25 分钟冥想训练的人与不接受这种冥想训练的人比起来，焦虑的水平有明显降低的情况。

在纷扰的世界中，焦虑常常作为无形的束缚，限制着心灵的自由。冥想，这种古老的修行方法，以其独有的魅力，开启了一条到达内心宁静的途径。这一做法不仅能够缓解焦虑感，还有助于重启大脑，引导人们以崭新的视角观察世界。

冥想：重塑神经连接的奥秘

冥想，不需要复杂的仪式，也不需要昂贵的设备，只需要一个安静的空间和一颗愿意探索的心。通过冥想，你可以深入自己的内心，感受自己的呼吸，倾听自己的心跳，从而与焦虑情绪保持一种和谐的关系。

张先生是一位成功的企业家，他的公司规模庞大，业务遍布全球。然而，随着事业的不断发展，张先生感到自己的压力越来越大，焦虑情绪日益严重。为了缓解这种情绪，他开始尝试冥想。每天早晨，他都会抽出十分钟的时间，坐在办公室里，闭上眼睛，深呼吸，专注于自己的呼吸和心跳。渐渐地，他发现自己的焦虑情绪得到了明显的缓解，思维也变得更加清晰和敏捷。

上面的案例展示了冥想对缓解焦虑、重置大脑的神奇疗效。那么，从心理学的角度来看，冥想究竟是如何发挥作用的呢？

首先，冥想对大脑结构产生积极影响。研究显示，冥想能增加与注意力、情绪调节和自我意识相关的大脑区域的灰质厚度。这种结构上的增强，能够使注意力、调节情绪和自我认知的能力得到改善。

其次，冥想改变大脑活动模式，具体表现为降低默认模式网络（DMN）的活动，即人脑在休息时相关于自我反思和忧虑的自发性活动。这种降低有利于减少焦虑。

此外，冥想提升情绪调节能力，这种提升有助于人们在面对压力和焦虑时保持平和与理性。

冥想还能够缓解焦虑，重塑大脑，并提高生活质量。要想充分利用冥想对自我进行疗愈，持之以恒的实践和寻找个人化的冥想途径就至关重要。保持开放态度，信任冥想的力量，可使其成为提升生活的有效部分。

心灵之旅：冥想如何缓解焦虑情绪

针对冥想缓解焦虑的实践，可以采取以下具体方法：

首先，选择一个安静舒适的环境，专注于当下。确保在冥想过程中不会被打扰。

其次，调整呼吸，深呼吸有助于放松身心。

然后，专注于身体的感受或某个特定的对象，如呼吸、烛光或冥想音乐。

最后，保持一个开放和接纳的心态对于冥想而言至关重要，无需过分追求效果或对自身的冥想经验进行评判。在冥想过程中，对环境声音的敏感性可能增强，如鸣笛、动物叫声或人声等。意识到这些声音并让它们自然存在，这样它们不会成为干扰，而是随着呼吸的节奏，负面思绪和情绪会逐渐淡去。

此外，冥想不是孤立存在的修炼方法，它可以与其他放松技巧如瑜伽、渐进式肌肉放松法等结合，这些方法协同作用，有助于缓解焦虑并促进心理重塑。

冥想是一种简单而有效的缓解焦虑、重置大脑的方法。心理学家指出，在冥想过程中，脑波会逐渐安定下来，情绪也会平和，肌肉也会松弛。通过坚持实践并不断探索适合自己的冥想方式，可以逐渐培养起内心的平静，以更加积极的心态面对生活中的挑战与机遇。

画重点

1.找一个安静的环境。

2.调整呼吸，感受深呼吸带来的体验。

3.保持开放和接纳的心态，任由声音存在，在呼吸间负面情绪将会消散。

4.结合瑜伽做冥想。

呼吸的魔力：用呼吸调整焦虑情绪

快节奏的时代，焦虑似乎成了生活中的常客。面对压力和挑战，人们常感到心慌意乱，无法平静应对。然而，有一种简单而有效的方法，可以帮助人调整焦虑情绪，那就是呼吸。正如古人所言："呼吸之间，自有天地。"呼吸不仅是一种生命现象，更是一种调节情绪、缓解焦虑的神奇工具。

当人们感到焦虑时，往往会出现呼吸急促、心跳加速等症状。这时，如果能够有意识地调整呼吸，让它变得深长而均匀，那么身体和心理状态也会随之发生变化。呼吸的魔力就在于它能够通过调节自主神经系统，帮助恢复内心的平静和安宁。

呼吸的力量：调节焦虑的隐形武器

毕先生是一位成功的企业家，他经营着一家规模不小的公司。然而，随着市场竞争的加剧和业务的扩展，毕先生开始感到前所未有的压力。他时常担心公司的未来，焦虑情绪让他无法集中精力工作。在一次偶然的机会下，毕先生接触到了一个"深呼吸放松法"他开始尝试在每天的工作间隙进行深呼吸练习，让自己逐渐放松下来。随着时间的推移，毕先生发现自己的焦虑情绪得到了明显的缓解，工作效率也大大提高。

王老师是一位中学老师，她平时工作勤奋、认真负责。然而，面对一群青春期的孩子，王老师时常感到力不从心。为了缓解这种情绪，王老师开始关注一些与心理健康相关的书籍和文章。她了解到深呼吸对于调节情绪的重要性，并决定亲身实践。她尝试在课堂上引导学生们进行深呼吸练习，让他们学会在紧张的学习氛围中保持冷静和专注。经过一段时间的实践，王老师发现自己的焦虑情绪得到了有效的缓解，与学生们的关系也变得更加融洽。

这两个案例虽然发生在不同的行业和群体中，但它们都展示了呼吸对于调整焦虑情绪的神奇作用。为什么呼吸能够产生这样的效果呢？

首先，了解自主神经系统的运作机制对于缓解焦虑至关重要。该系统由交感神经和副交感神经两部分构成，负责调控内脏器官和血管功能。焦虑时，交感神经的激活会引起心跳加快和呼吸急促。相反，深呼吸能激活副交感神经，带来身体的放松，从而缓解焦虑。

其次，深呼吸也促进大脑释放内啡肽等神经递质，这些递质能够增强愉悦感和放松感，有助于减轻焦虑。此外，深呼吸可提升注意力和专注力，增强应对挑战的能力。

最后，呼吸的力量在于通过调节自主神经系统和释放神经递质来缓解焦虑。有意识地改善呼吸模式能够有效提升身心状态，让人更好地面对压力和挑战。

呼吸与情绪：一场内心的和谐之旅

那么，如何运用呼吸来调整焦虑情绪呢？以下是一些实用的方法：

首先，可以尝试进行深呼吸练习。具体做法是在安静的环境中坐下或躺下，闭上眼睛，将注意力集中在呼吸上。慢慢地吸气，让气息充满整个肺部；然后慢慢地呼气，将体内的废气排出。在练习过程中，可以想象自己正在吸入清新的空气，呼出紧张和压力。每次练习持续几分钟，可以根据需要逐渐增加练习时间。

其次，还可以将深呼吸融入日常生活中。比如，在感到焦虑或紧张时，可以随时停下来进行几次深呼吸；在开会或面试前，可以先进行深呼吸来放松自己；甚至在走路或做家务时，也可以尝试进行深呼吸来保持内心的平静。

最后，保持运用深呼吸的方法，养成习惯，去放松身体和神经系统的疲劳状态。

总之，呼吸是一种简单而有效的调节焦虑情绪的方法。通过有意识地调整呼吸，我们可以让自己的身心状态得到改善，从而更好地去面对生活中的各种挑战。让我们从现在开始，学会用呼吸来调整自己的情绪吧！

画重点

1. 刻意练习深呼吸，感受气息的变化。
2. 把深呼吸运用到工作和生活中。
3. 坚持运用深呼吸的方法，缓解紧张情绪和疲劳。
4. 养成深呼吸的习惯。

恢复内心平衡：挑战焦虑的瑜伽技巧

　　面对生活的压力与挑战，保持内心平衡常常是一项艰巨的任务。瑜伽，这一古老的修行方式，给我们提供了找回内心平静的路径。瑜伽不仅仅是身体锻炼的形式，它还融入了哲学的智慧，成为一种生活方式。人们通过瑜伽学习调节呼吸、伸展身体和进行冥想，这些练习帮助人们在应对焦虑时恢复心灵的平衡与安宁。

　　在探讨瑜伽与焦虑的关系时，瑜伽的呼吸法扮演着关键角色。呼吸作为身心连接的纽带，是缓解焦虑的有效手段。瑜伽呼吸法的练习引导我们学习调节呼吸节奏与深度，促使呼吸变得更加深长和平稳。这类深呼吸不仅放松紧绷肌肉，而且激活副交感神经系统，有助于降低焦虑感。

瑜伽呼吸法：平息焦虑的呼吸艺术

　　除了呼吸法，瑜伽的体式也是缓解焦虑的有效方式。不同的瑜伽体式可以针对性地作用于身体的不同部位，帮助人们释放压力、舒缓紧张感。例如，下犬式可以拉伸脊柱和腿部肌肉，缓解长时间坐姿带来的不适；树式可以增强平衡能力和集中注意力，让人们在忙碌的生活中找到稳定感。通过练习这些体式，人们可以让身体得到放松和舒展，进而减轻焦虑情绪对身体的影响。

　　当然，瑜伽冥想也是恢复内心平衡的重要一环。在冥想中，人们将注意力集中在呼吸或某个特定的对象上，让思维从日常的纷扰中解脱出来。

通过冥想，人们可以深入自己的内心，观察并接受自己的情绪，从而找到与焦虑和平共处的方式。许多瑜伽练习者都表示，冥想让他们在面对压力时更加冷静和自信。

张先生是一位资深的投资经理，他的工作节奏快、压力大，时常感到焦虑不安。为了缓解这种情绪，他开始尝试瑜伽练习。每天下班后，他都会抽出一段时间进行瑜伽呼吸法和体式的练习。通过深呼吸和舒展身体，他感到自己的紧张情绪得到了明显的缓解。随着时间的推移，张先生的焦虑症状逐渐减轻，他的工作表现也更加出色。

李老师是一位艺术培训中心的教师，她常常因为学生的问题和工作的压力而感到焦虑。为了改善这种情况，李老师开始参加瑜伽课程。在课程中，她学习了如何通过瑜伽呼吸法和冥想来放松身心。经过一段时间的练习，李老师发现自己的心态变得更加平和，与学生们的关系也更加融洽。她甚至将瑜伽引入课堂，帮助学生们一起缓解学习压力。

在心理学领域中，人的所有焦虑表现都是身体无法松弛下来，一旦全身肌肉放松下来，整个人的情绪和思维也从高压紧绷的状态中慢慢脱离。想象一下，在紧张的工作间隙，闭上眼睛，深吸一口气，感受气息在胸腔中流转，再慢慢呼出，仿佛将内心的焦虑和压力一并释放。这样的呼吸练习，能够帮助人们迅速恢复内心的平静。

瑜伽哲学：内在平衡与焦虑管理的智慧

瑜伽是一种有效的挑战焦虑、恢复内心平衡的方式。是通过练习瑜伽的呼吸法、体式和冥想这些小技巧，去快速缓解压力、舒缓紧张，找到内心的安宁与平衡。

首先，瑜伽的呼吸法和体式练习有助于激活我们的副交感神经系统，降低焦虑水平。副交感神经系统负责让你的身体进入休息和恢复状态，通过深呼吸和舒展身体刺激这一系统的活动，从而缓解焦虑情绪。

其次，瑜伽冥想可以帮助人建立与自我内在的连接，提高自我意识和情绪管理能力。通过冥想这种安静的方式，可以更好地观察和理解自己的情绪，学会以更加积极和理性的方式应对焦虑。

最后，坚持进行瑜伽练习，还能够促进身体内分泌系统的平衡，释放内啡肽等愉悦激素，让人感受到身心的放松和愉悦。这种愉悦感有助于减轻焦虑情绪对我们的影响。

当然，每个人的身体和需求都是不同的，因此在选择瑜伽练习时，要根据自己的实际情况进行调整和适应。同时，也需要耐心和坚持，相信瑜伽的力量能够帮助我们战胜焦虑，迎接更加美好的人生。

画重点

1. 呼吸法和体式练习，能够激活神经，舒展身体，从而缓解情绪。

2. 安静的冥想，有助于自我感受当下，渐渐平衡焦虑。

3. 坚持进行练习，能够促进内分泌平衡，愉悦身心。

4. 耐心和坚持，慢慢战胜焦虑。

爱与自由：将艺术和创造力作为抗焦虑的武器

喧嚣的现代生活中，焦虑如同一股无形的暗流，侵蚀着人们的心灵。爱与自由作为人类永恒的追求，为人们提供了抵御焦虑的武器。正如毕加索所言："艺术洗尽世俗尘埃，呈现事物本真。"当人们将艺术和创造力融入生活，它们便化为人们内心的力量，帮助人们抵御焦虑的侵袭。

艺术与创造力，是心灵自由的体现，也是爱的表达。它们让人在纷繁复杂的世界中，找到一片属于自己的宁静之地。无论是绘画、音乐、舞蹈还是写作，艺术都是表达情感、释放压力的重要途径。当沉浸在艺术创作中时，会忘却外界的纷扰，只专注于内心的感受与表达。这种专注与投入，让人体验到一种前所未有的自由与宁静。

艺术治愈之力：以爱为媒，释放内心创造力

将艺术和创造力化为抗焦虑的武器并不是一蹴而就的。它需要不断地尝试、学习和实践，才能找到适合自己的艺术表达方式和创作方法。同时，治愈的方法也是因人而异。人在做热爱之事时，总是能够在动手的过程中，专注于当下，当人思维与身体聚焦于一体时，内心的创造力才能得以缓缓释放。

李华是一名设计师，她常常因为工作压力和客户要求而感到焦虑。为了缓解这种情绪，她开始尝试将艺术和创造力融入工作。她不

再拘泥于传统的设计理念，而是大胆尝试新的元素和风格。通过不断尝试和创新，她逐渐找到了自己的设计风格。她的作品不再仅仅是满足客户需求的产品，而是充满了个性与创意的艺术品。这种转变不仅让她的工作变得更加有趣和充实，也让她在面对压力时更加从容和自信。

王刚是一名婚庆摄影师，面对现在旅拍和自媒体的风靡，他觉得自己已经跟不上时代，很多新的 AI 软件和剪辑软件学习起来，他都感觉到很吃力，于是长期的研究让他时常感到焦虑。为了缓解这种情绪，王刚开始利用业余时间进行绘画创作。他将自己的情感和思考融入画作中，通过画笔和颜料来表达内心的世界。这种创作过程让他感受到了前所未有的放松和愉悦。同时，他也将自己的画作当成了婚纱摄影的道具，与新人们分享艺术的魅力。新人们在欣赏画作的过程中，不仅感受到了美的熏陶，也能够用更放松的表情和动作来配合拍摄。

艺术和创造力在各行各业及不同群体中展现出缓解焦虑的潜力。通过爱和自由的心态进行创作，人们不仅能释放心中的压力，还能探索新的生活及表达方式。

艺术疗法作为心理治疗中一种有效的手段，无论是绘画、手工艺、陶艺还是剪纸，这些艺术形式都有助于人们进入一种沉浸式的专注状态。

释放创造力：以艺术为径，走出焦虑迷雾

面对焦虑，转移注意力成为一种可行的对策。投身于艺术活动，如绘画或音乐，能有效地将焦虑置于次要位置，为身心提供临时的休

憩。艺术成为疗愈桥梁，帮助人们在创造性表达中找到放松与安宁。然而，要充分利用艺术的疗愈潜力，还需掌握一些关键技巧以加强这种艺术体验的效果。

首先，寻找自己热爱的艺术创作领域。找寻自己喜爱的艺术创作的过程，本身就是一种情感的表达和释放。当你通过艺术来表达自己的情感和想法时，能够将内心的压力转化为创作的动力，从而减轻焦虑情绪。

其次，将大量的注意力和精力投入到艺术创作当中。这种专注让你暂时忘却外界的纷扰，体验到一种内心的宁静和自由。

最后，去完成自己热爱的作品。通过艺术的创造能够有效提升自尊和自信。当你创作出令人满意的作品时，就会感受到一种成就感和满足感，这种积极的情绪能够抵消焦虑情绪。

在这个充满焦虑的时代里，用爱和自由的心态去拥抱艺术和创造力吧！去从创作中找寻心灵的宁静与自由，用艺术的力量去抵御焦虑的侵袭。相信只要你用心去感受、去表达、去创造，就一定能够找到属于自己的抗焦虑之路。

画重点

1. 寻找自己热爱的艺术领域。
2. 将时间和精力投入艺术创作中。
3. 去完成热爱的作品。
4. 把艺术创作作品分享给有共同兴趣的人。

拥抱大自然：汲取大自然的疗愈力量

大自然以其独特的疗愈力量，为人们提供了一个与焦虑较量的舞台。正如梭罗在《瓦尔登湖》中所说："我步入丛林，吸取生命中所有的精华。把非生命的一切都击溃，以免当我生命终结，发现自己从没有活过。"拥抱大自然，就是拥抱一个更加健康、平和的自己。

自然的疗愈场：让焦虑在绿意中消散

当投身于大自然的怀抱时，仿佛进入了一个全新的世界。阳光透过树叶的缝隙洒落在身上，微风轻轻拂过脸庞，带来一丝丝清凉。可以听见鸟儿的歌唱，感受大地的脉动，这种与自然的亲密接触让我们忘却了生活的烦恼和压力。

李明是一位金融分析师，他每天面对着大量的数据和报表，工作压力巨大。长时间的紧张工作让他感到身心俱疲，焦虑情绪日益严重。为了缓解这种状态，他决定利用周末的时间去郊外徒步。他穿越森林、攀登山峰，感受大自然的壮丽与宁静。在徒步的过程中，他逐渐忘却了工作的烦恼，心灵得到了放松和滋养。回到工作岗位后，他发现自己变得更加自信和从容，焦虑情绪也得到了明显的缓解。

小玲是一位热爱绘画的艺术家，然而创作过程中的种种困难和不如意让她时常感到焦虑和沮丧。为了寻找灵感和心灵的慰藉，她选择去海边，她站在沙滩上，眺望着无边无际的大海，听着海浪拍打礁石的声音。这种与大自然的亲近让她感受到了内心的平静和力量。她开始在画布上描绘海浪、沙滩和天空，将自己的情感和思考融入其中。在创作的过程中，她逐渐找回了自信和乐趣，焦虑情绪也在大自然的疗愈力量中逐渐消散。

在心理学中，大自然是一个很好的疗愈能量磁场，它能够提供一个远离喧嚣、放松身心的环境。宁静、和谐的气息能够渗透到人的内心深处，让人感受到一种前所未有的放松和舒适。大自然中的美景能够激发人的积极情绪，阳光、绿树、清泉、花香等自然元素能够带给人愉悦的感受。当人与这些元素亲密接触时，心情也会变得更加积极和乐观，从而减轻焦虑情绪。

探索大自然对心灵的疗愈之道

大自然还能够启发人的灵感和创造力。当面对大自然的壮丽景色时，思维也会变得更加开阔和灵活。人在大自然中可能会汲取到创作的灵感，或者找到解决问题的新思路。这种创造性的过程本身就能够缓解焦虑情绪，让你感受到一种成就感和自我价值。

那么，要发挥和探索大自然对心灵的疗愈之路，到底应该怎么做呢？

首先，你要走进大自然。要真正发挥大自然的疗愈作用，需要学会如何与它建立联系并深入体验。这不仅仅是一次简单的户外活动或旅行，而是一种心灵的修行和领悟。

其次，每一次与大自然的接触都要留意自己的感受，呼吸自然界中的味道，把清新的空气呼入肺中，把日常积累的焦虑浊气全部呼出。用心去感受大自然的美丽与和谐，去倾听它的声音，与它进行深度的交流和对话。只有这样，我们才能真正地体验到大自然的疗愈力量，让焦虑在绿意中消散。

最后，记录下与大自然接触的过程，可以是照片，可以是物品，也可以是小记。不管以怎样的方式，把拥抱大自然的经历留在记忆里，让焦虑在自然的疗愈力量中消散。

这不仅仅是一种生活方式的选择，更是一种心灵的追求和升华。放下心中的烦恼和压力，走进大自然的怀抱，感受它带给我们的平静、力量和美好。相信只要用心去感受、去体验，大自然一定会成为你战胜焦虑的最有力武器。

画重点

1. 走进大自然。
2. 走到户外，深呼吸，让自己沉浸于大自然之中。
3. 记录下与大自然接触的过程。

走出舒适区：勇敢面对挑战，超越焦虑

人生如逆旅，大家都在不断地寻找着属于自己的天地。然而，成长的道路上总是布满了荆棘与挑战，唯有勇敢地走出舒适区，才能领略到更广阔的世界。正如那句古语所说："生于忧患，死于安乐。"在这个日新月异的时代，唯有不断挑战自我，才能在竞争激烈的社会中立足。

或许很多人都曾有过这样的体验：面对未知的领域，心中充满了焦虑与不安。然而，正是这些挑战与焦虑，推动着人们不断前行，超越自我。回顾历史，那些伟大的成就往往都源于一次次的挑战与突破。爱迪生经历了无数次失败，才发明了电灯；贝多芬在失去听力后，依然创作出震撼人心的乐章。他们告诉大家，面对挑战，不应退缩，而应勇敢地迎接，超越焦虑，实现自我价值的升华。

那么，如何走出舒适区，面对挑战，超越焦虑呢？这就需要拥有坚定的信念，勇于尝试新事物，不断提升自己的能力与素质。同时，还要学会调整心态，以积极、乐观的态度去面对生活中的种种困难与挑战。只有这样，才能在挑战中成长，在焦虑中超越，最终走出一条属于自己的精彩人生之路。

舒适区外的成长：拥抱挑战，实现自我超越

舒适区是指人们熟悉的、安逸的生活状态，它给予人安全感，却也限制了成长。然而，生活中的挑战总是不断涌现，它们像一块试金

石，考验着人们的勇气和智慧。面对挑战，大部分人往往会感到焦虑和恐惧，但正是这些负面情绪，促使人们不断突破自我，实现更高的成就。

小张作为一名年轻的软件工程师，在一个科技公司的创新团队中，面临着技术更新迅速、竞争激烈的行业环境。为了不被淘汰，他决定挑战自己，学习新的编程语言和框架。这个过程充满了困难和挑战，他时常感到焦虑和挫败。然而，小张没有放弃，他通过参加培训、查阅资料、与同行交流等方式，不断提升自己的技能水平。最终，他成功掌握了新技术，并在项目中发挥了重要作用，得到了领导和同事的认可。

李女士是一位普通家庭的全职妈妈，她不仅要照顾家庭和孩子，还要应对生活中的各种琐事。然而，她渴望拥有自己的事业，实现自我价值。于是，她决定挑战自己，开一家网店。这个过程中，她面临着资金、时间、精力等多方面的压力，焦虑情绪时常困扰着她。但是，李女士没有退缩，她通过学习和实践，掌握了经营网店的技巧和方法。她的网店逐渐走上了正轨，她也实现了自己的创业梦想。

小张和李女士都勇敢地走出了自己的舒适区，迎接新的挑战。虽然过程中充满了困难和焦虑，但他们通过努力和坚持，最终实现了自我超越和成长。

从心理学的角度来看，面对挑战和焦虑的过程实际上是一个自我成长和蜕变的过程。当你走出舒适区时，你会遇到许多未知和不确定的因素，这些因素会激发我们的应激反应，产生焦虑情绪。然而，正是这些焦虑情绪促使你更加专注和努力地应对挑战。在这个过程中，你会不断学习、成长和进步，逐渐适应新的环境和要求。

此外，心理学中的"成长心态"也为大家提供了面对挑战、超越焦虑的理论支持。拥有"成长心态"的人相信自己的能力可以通过努力和学习得到提升，他们更愿意接受挑战并从中学习。相反，固定心态的人则认为自己的能力是有限的，面对挑战时更容易感到焦虑和沮丧。因此，培养成长心态对于我们走出舒适区、超越焦虑具有重要意义。

直面焦虑：挑战带来的心灵蜕变与成长

那么，如何有效地面对挑战、超越焦虑呢？

首先，相信自己有能力应对各种挑战。调整自己的情绪和心态，保持积极、乐观的态度。

其次，将明确的计划和目标分解成若干个小目标，通过学习和实践来提升自己完成各项小目标的能力。

最后，做长期主义者，保持耐心和毅力，不断坚持和努力，直到实现自己的目标。

走出舒适区、面对挑战并不是一件容易的事情，但它却是成长和进步的必经之路。只有敢于迎接挑战、超越焦虑，才能发现自己的潜力和能力，实现更高的成就和价值。勇敢地走出舒适区，迎接生活中的每一个挑战吧！

画重点

1. 相信自己有应对挑战的能力。
2. 保持积极乐观的心态。
3. 详细分解计划和目标，分阶段完成。
4. 做长期主义者，保持耐心和毅力。

快乐的秘密：从快乐中建立焦虑防火墙

在忙碌而复杂的现代社会中，人们时常被焦虑的情绪所困扰，快乐的时间越来越少，焦虑把人仿佛围在一片迷雾之中，无法找到出路。然而，快乐却像一盏明灯，照亮人前行的道路。

正如英国作家塞缪尔·斯迈尔斯所说："快乐的秘诀就是找到使你内心感到满足的事情，然后去做它。"快乐不仅是一种情绪状态，更是一种生活态度和智慧。

快乐的力量：发掘生活中的快乐元素，驱散焦虑阴霾

当人们沉浸在快乐的情绪中时，焦虑仿佛变得微不足道。快乐能够激发人内心的积极能量，使人更加自信、乐观和坚强。它像一股清泉，滋润着人们的心灵，让人在面对困难和挑战时能够保持镇定和从容。

小雅是年轻白领，在一家大型企业工作，工作压力大、竞争激烈，这让她时常感到焦虑和不安。然而，小雅并没有让焦虑情绪占据自己的生活。她善于在工作中寻找乐趣，与同事保持良好的互动和合作，每当完成一个项目或取得一些进展时，她都会感到由衷的喜悦和满足。此外，小雅还热衷于参加各种兴趣小组和社交活动，这些活动不仅让她结识了更多志同道合的朋友，还让她在忙碌的工作之余找到了放松和快乐的源泉。

阿杰是一位独立画家，他的创作过程往往充满了挑战和不确定

性。有时，他会因为找不到灵感或作品不被认可而感到焦虑和沮丧。然而，阿杰深知快乐对于他创作的重要性。他会在日常生活中寻找灵感，无论是漫步在自然风光中，还是与朋友们交流心得，都能激发他的创作激情。当阿杰沉浸在绘画的世界中时，他会忘记外界的纷扰和焦虑，完全沉浸在创作的快乐之中。这种快乐不仅让他的作品更加生动和富有感染力，还让他在面对困难和挑战时更加坚定和自信。

小雅和阿杰都能够在生活中找到快乐的源泉，用积极的心态去面对挑战和困难。他们的快乐不仅让自己感到幸福和满足，还让他们在面对焦虑时更加从容和坚定。

从心理学的角度来看，快乐之所以能够抵抗焦虑，是因为它能够激活大脑中的积极神经回路，释放多巴胺等愉悦激素。这些激素能够令人感到愉悦和满足，降低焦虑水平。同时，快乐还能够提升人的自我效能感，让人更加相信自己的能力和价值，从而在面对困难时更加勇敢和自信。

此外，心理学中的"心流"理论也为快乐抵抗焦虑提供了理论支持。当人全身心投入到一项活动中时，会进入一种忘我的状态，即心流状态。在这种状态下，会让人忘记时间的流逝，感受到一种深深的满足和快乐。这种状态不仅能够让人忘记焦虑，还能够提升人的创造力和专注力，帮助人更好地应对生活中的挑战。

快乐的抵抗力：如何在喜悦中筑起应对焦虑的防火墙

如何通过快乐增强内心抵抗焦虑的能力呢？

首先，需要学会在日常生活中寻找快乐。无论是与家人、朋友的相处，还是工作学习的成就，都可以成为快乐的源泉。

其次，需要培养积极的心态和乐观的情绪。当面对困难和挑战时，要学会看到问题的积极面，相信自己的能力和价值。

最后，通过运动、冥想、艺术等方式来提升自己的快乐感和幸福感。这些活动不仅能够让人感到愉悦和满足，还能够提升自己的身心健康水平。

总之，快乐是我们抵抗焦虑的秘密武器。通过培养积极的心态和寻找生活中的快乐元素，可以让我们建立起强大的抵抗力，让焦虑情绪远离你的生活。珍惜每一份快乐，用它们来构筑内心的宁静和力量吧！

画重点

1. 学会在日常生活中寻找快乐。

2. 培养乐观情绪，相信自身能力和价值。

3. 通过运动、冥想、艺术等提升快乐感。